AUTHORIZATION

ムー的未確認モンスター怪奇譚

並木伸一郎 著

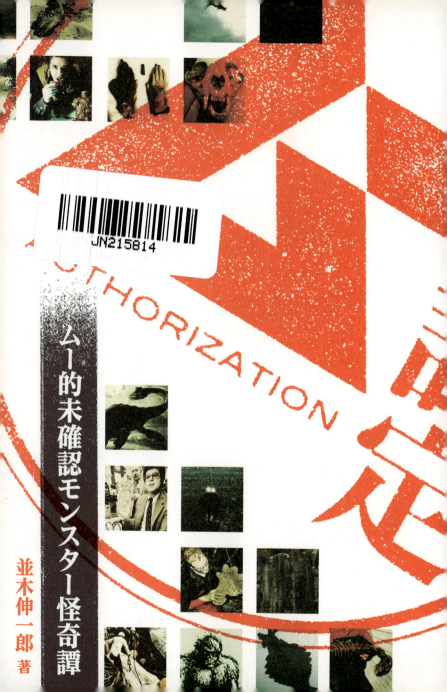

ム認定
AUTHORIZATION

1章 ネス湖の怪獣 8

2章 海の漂着怪物 32

3章 獣人・野人 58

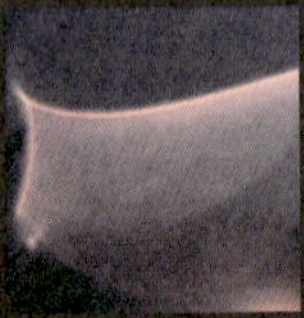

4章

異次元生物

ム認定 AUTHORIZATION

7章

古代生物・絶滅種

8章
怪蛇ツチノコ
196

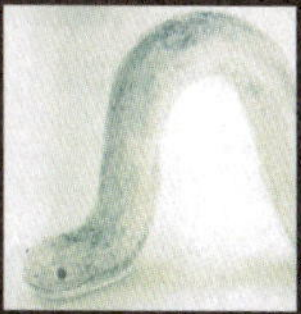

イギリス、スコットランド北部にあるネス湖—世界でもっとも有名なモンスター＝ネッシーが潜んでいるのが、この湖だ。

ネス湖は長さ約35キロ、幅はわずか2キロという、きわめて細長い湖である。最深部の水深は約230メートル。しかも周囲の土壌のせいで透明度はきわめて低い。こうしたもろもろの悪条件が、ネッシー探索を困難なものにしてきたことは間違いない。

それでもこの湖では、6世紀からネッシーの目撃記録報告があり、とくに20世紀になって

怪獣

からは数々の写真も撮影され、水中のソナー探査まで行われてきた。

　正体については、恐竜時代に栄えた大型の水棲首長竜プレシオサウルスの生き残り説が有力だ。しかし、ほかにも竜脚類の生き残り説や魚類説、見間違い説も含め、さまざまな議論がいまでも戦わされている。

　いずれにせよ、何らかの大型生物がいまでもネス湖に生存していたとすれば、まさに世界的大ニュースであり、大ロマンであることは間違いない。

No.000001-No.000008

1章 ネス湖の

聖コロンバとネス湖の怪獣伝説

No.000001

上／水馬（ネッシー）と対峙する聖コロンバ。ネス湖において、もっとも古い怪獣との遭遇記録とされる。左ページ／ネス湖の風景。もともと入江だったために、湖の幅は狭く、湖岸は急斜面で底が深い。まさに神秘の湖だ。

認定
AUTHORIZATION

イギリス、スコットランド北部ハイランド地方にある「ネス湖」。水はどす黒く、いかにも怪獣が潜んでいそうだ。近くに住む古老は、「湖のそばで遊んでいると、怖い怪獣に食われてしまうぞ！」と母親に聞かされて育ったと語る。

ネス湖における最古の怪獣目撃記録は、7世紀成立の『聖コロンバ伝』に遡る。565年、畔《ほとり》を旅していた聖職者コロンバが、突然、湖面から水しぶきとともに現れた巨大な水馬に遭遇。水馬は真っ赤な口を開けて叫び声をあげながら襲いかかってきたが、コロンバは驚かず、「魔物よ、去れ！」と、秘力を使って退散させたというのだ。

また、数世紀後に書かれた『ジョンソンのペリデス巡行記』には、こんな記述が見られる。

「ネス湖に水馬という怪獣が棲み、湖畔に現れては人間の娘をさらって食べていた。ある父親が豚を丸焼きにし、その匂いで水馬を呼び寄せた。やがて水面から水馬が現れたので、父親は水馬の首に真っ赤に焼けた鉄串を突き刺して復讐を遂げた」

16世紀になると、「水馬」と呼ばれていた怪獣には「ケルピー」という名前がつけられていたようだ。しかもネス湖だけでなく、スコットランド内にある他の湖にも出没している。首が長くてたてがみがあるという水馬の特徴は、ネッシーにも共通する。『聖コロンバ伝』に記されている水馬が、ネス湖の怪獣伝説の源流となっているのは間違いない。

同様の記録は他の古文献にもあり、謎の怪獣が長期間にわたって目撃されていたことがわかる。

しかし、目撃者が急増したのは1930年以降で、「ネッシー」という愛称がつけられたのもこのころのことだ。1933年、ネス湖西岸を走る国道82号線が開通した。それに伴って森林が伐採され、初めて湖畔から湖の眺望が可能になり、観光客が数多く訪れるようになったのが、目撃急増の要因といわれている。

新たなネス湖の怪獣伝説は、ここから始まったのである。

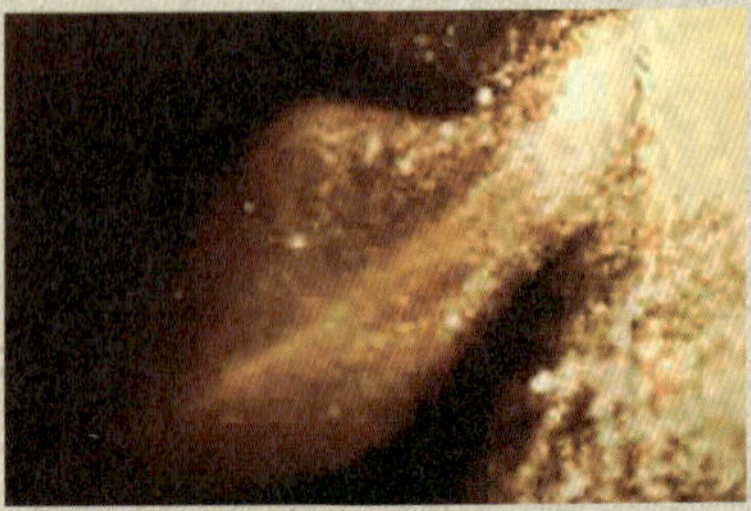

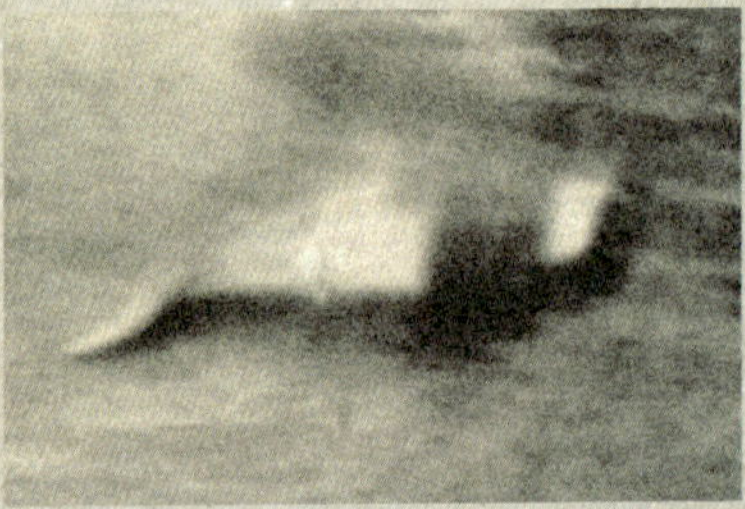

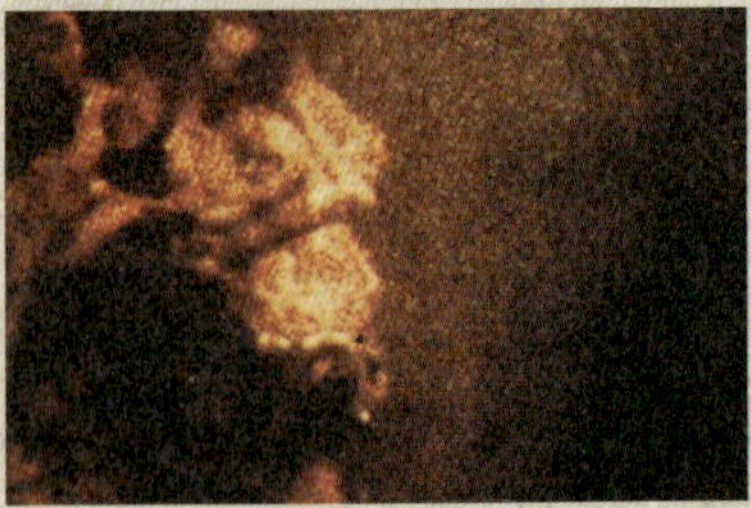

上／1974年1月8日にフランク・サールによって撮影されたネッシー。中右／1933年11月12日にヒュー・グレイが撮影したネッシー。公表された世界初のネッシー写真といわれている。中左／1975年にボストン応用科学アカデミーによって撮影された、ネッシーのヒレといわれる写真。下右／1977年5月21日に、アンソニー・シールズが撮影したネッシーの頭部と長い首。下左／こちらも1975年にボストン応用科学アカデミーが撮影した、ネッシーの頭部とされる写真。

1975年にボストン応用科学アカデミーが水中カメラで撮影。ネッシーの全体像をとらえた唯一の証拠写真といわれる。

スパイサー夫妻が遭遇した妖獣

No.000002

1933年7月22日午後。ロンドンから休暇でやってきたジョージ・スパイサーとその妻は、ネス湖南岸をのんびりドライブしていた。

すると前方に、太い木の幹のような巨大な物体が、道路を塞ぐように横たわっていることに気づいた。急ブレーキをかけて車を停めると、幹のように見えたものは、動物の細長い首だった。巨大な胴体が、茂みからヌーッと現れたのである。

目測だが長さ7メートル、高さ1・5メートルはあろうかと思われた。ただ、怪物との間の地面は小高く盛りあがっていたので、下半身までは見えず、ヒレがあるかどうかはわからなかった。やがて動物はうねるようにして道路を横切り、スロープを降りると湖に消えていった。動物だとしても、まさに「妖獣」と呼ぶにふさわしい気味の悪い姿形だった。

メディアの取材を受けたスパイサー夫妻は、「長い首がついたカタツムリのようであり、何ともおぞましい生物だった」と証言。丸型の胴体からウネウネと長い首が伸びた妖獣のスケッチを描いている。夫のジョージは、奇妙な肉状のものが怪物の首の付け根あたりから突きでていたのを見ていた。尻尾の先端だったのではないかという。怪物が茂みの中を進んでいくとき、尻尾が曲げられて胴体の脇にきていたのだ、と彼は指摘した。

スパイサー夫妻は社会的地位も高く、信頼できる人物であることに疑いはなかった。それだけにふたりの報告とスケッチは、多大な関心を集めた。少なくとも科学者たちは、夫妻が「何か異常なものを見た」ということは疑わなかった。しかし、公式見解として「そのような生物が存在するはずがない」と、怪物の存在を否定したのだ。

ちなみにスパイサー夫妻が目撃した妖獣の正体についてだが、当時はカタツムリのような無脊椎の動物だったのではないか、という議論も行われた。だが前述のように、「そのような生物が存在するはずがない」と打ち切られたのだ。

上／夫妻が描いたスケッチ。茂みから巨大な胴体がヌーッと現れたとスパイサー夫妻は証言している。右／夫妻の証言を報じる当時の新聞。顔写真はジョージ・スパイサー氏。下／別の直筆スケッチ。まさにナメクジのような姿をしている。

DAILY SKETCH THURSDAY, DECEMBER 7, 1933.—Page 3 LATE LONDON EDITION

Loch Ness Horror Seen On Land

Motorist Tells How an "Abomination" With a 3-Arched Neck and a Body 4-feet High Shot Across the Road

"PREHISTORIC SPECIES"

Following on the publication yesterday of the first snapshot of the monster seen in the waters of Loch Ness, the *Daily Sketch* can now give the story of a motorist who claims to have encountered it on land!

"It was horrible—an abomination," he says. "The first I saw of it was an undulating sort of neck, a little thicker than an elephant's trunk. It did not move in the usual reptilian fashion but with three arches in its neck it shot across the road until a ponderous body about 4 feet high came into view.

"I have motored thousands of miles. I am a temperate man. I cannot think of any undertaking, any pledge, that I would not accept to vouch for the truth of my statement. I am certain this creature is of a prehistoric species.

"IT HAUNTS ME STILL"

The only man who can claim to have seen this monster on land is Mr. G. Spicer, a director of Messrs. ... and Co., of ..., London, W.

Mr. G. Spicer.

MYSTERY DEATH OF ENGLISHWOMAN

Husband Did Not Know She Was On Riviera

Prisoner Executed in Error

"Great regret" is expressed by the Punjab Government in announcing the execution of a condemned prisoner in Lahore Central Gaol on November 21 when orders postponing the execution had been issued on the previous day.

LINDBERGHS WIN GAMBLE WITH LIVES

Over South Atlantic With Fuel Minimum

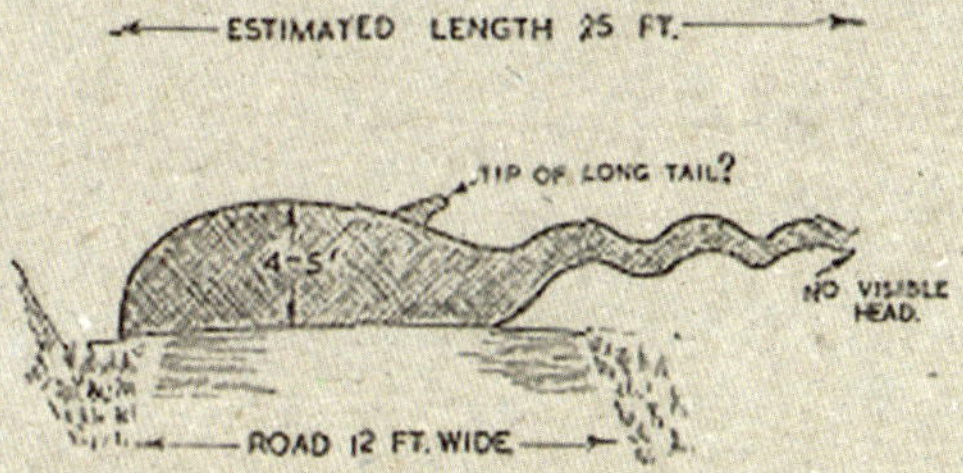

ネッシーの足跡ミステリー

No.000003

1933年11月、ヒュー・グレイが史上初となるネッシーの写真(12ページを参照)を公表し、人々の注目を集めていたころのことだ。英国最大の日刊新聞の編集次長であるF・W・メモリーは、ネス湖の怪物について記事を書くため、カメラマンと自称猛獣ハンターのママデューク・ウェザーレルを引き連れてネス湖を訪れた。

探索を始めて4日目の夕方、パトロールから帰ったカメラマンとウェザーレルが、「フォートオーガスタの岸で怪物の足跡を見つけた」と興奮した様子でメモリーに報告。「大きな踵《かかと》に4本の足指がついた足跡が、いくつかはっきり残されていた」という。これを信じたメモリーはインバネスの町に単身もどり、本社へ急報した。これが国際通信社のニュースに流れ、「ネス湖の怪物の足跡を発見！」と世界中で大騒ぎとなったのだ。

　翌朝、ウェザーレルとカメラマンは、怪獣の足跡の石膏型を採りに出かけた。石膏に採られた足型は、長さ約20センチ。歩幅からして体長約6メートルの動物のものと推定された。鑑定のため石膏型は大英自然史博物館に送られ、ウェザーレルはラジオ放送で「自分は動物学者ではないが、ネス湖の怪物は、海洋性の恐竜に違いない」と持説を述べた。

　ところが――1934年1月4日に届いた鑑定では、足跡はカバの足に見立てて作られた傘立てか灰皿を押しつけたフェイクの可能性が高い、とされていたのだ。

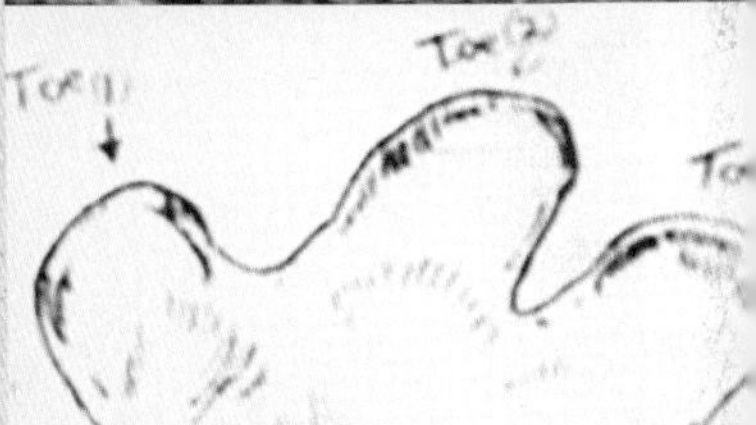

　石膏型がこれらとほぼ一致したというのが理由だが、実際のクローズアップ写真や石膏型については、博物館からは発表されていない。しかもその後、ウェザーレルは姿を消し、肝心の石膏型も行方不明になってしまったのだ。
　近年、アメリカ、メイン州の隠棲動物学者ローレン・コールマンは、「事件は未解決。石膏型の行方も含め、再検討の余地が大いにある」と主張しているのだが……。

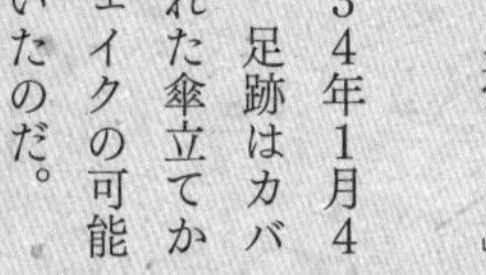

右ページ上／発見したネッシーの足跡をチェックするウェザーレルと、足跡のイラスト。下／ゾウの脚を模した灰皿。こうしたもので足跡をつけたのではないかというのが、大英自然史博物館の鑑定結果だった。

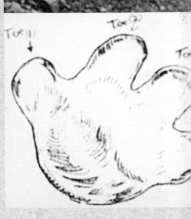

左／巨大な怪獣と遭遇したグラントのイメージイラスト。

アーサー・グラントの超接近遭遇事件

No.000004

1934年1月5日の夜、アーサー・グラントは、スコットランド・インバネスの町からバイクで家路を急いでいた。日は暮れていたが、あたりは月の光で昼間のように明るかった。アブリアハン村近くにあるネス湖の岸の道路を走行中、グラントは道の脇に、大きな黒いものを発見する。それはヘビもしくはウナギのような頭をもつ怪獣だった。バイクを降りて20メートルくらいまで近づくと、怪獣はいきなり跳ねるようにして茂みをつきぬけ、水しぶきを上げて湖面に飛びこんでいった。記憶が確かなうちにグラントは、すぐに詳細なスケッチを書き留めておいた。

全長約6メートル、頭のてっぺんが平らで、首が長く、巨大な胴体を持ち、太く長い尾が生えている。2対のヒレがあり、前ヒレは小さく、後ろのヒレはかなり大きかった。

上／遭遇現場に残されたヤギの死骸をチェックするグラント。下／アーサー・グラントが描いた怪獣のスケッチ。

翌朝、グラントが怪獣が飛びこんだ地点を調べてみると、草が押しつぶされていた。明らかに巨大な動物が通った跡《あと》だった。

グラントが怪獣と接近遭遇したという噂は、たちまち広まった。これを耳にしたのが新聞記者のメモリー（16ページを参照）で、彼はまっ先にグラントの証言を聞きにいった。グラントがメモリーに状況を詳しく説明すると、メモリーと自称猛獣

ハンターのママデューク・ウェザーレル、カメラマンの3人を現場に連れていったのである。

現場でグラントは驚いた。というのも、そこにはヤギの骨や死骸の一部が転がっており、しかも巨大な動物の足跡がはっきり残っていたからだ。「だれかのいたずらか？」とグラントは首をひねったものの、その足跡がカバに似ていると指摘。ウェザーレルも同意見だった。しかし、カバは草食動物だから、ヤギの骨や死骸があるというのは、いかにも不可解きわまりなかった。

いったい、ここで何が起こったのか、足跡の主は本当にグラントが遭遇した怪獣のものなのか。いずれにしてもグラントが謎の怪獣に遭遇したことだけは確かなようである。

外科医写真の謎と真相

No.0000005

1934年4月、ロンドンの外科医ロバート・ケネス・ウィルソンによって撮影された有名なネッシーの写真がある。通称「外科医の写真」と呼ばれているこの写真は、発表当時から研究家の間では、疑問視されていた代物《しろもの》だ。周囲の波の大きさと比較すると極端に小さいことなどが、疑問をもたれる要因となっていた。そのため、カワウソなどの誤認という説がもっぱらで、研究家のスチュアート・キャンベルの調査により、実際は連続撮影された組写真だったこと、別のコマには明らかな形でカワウソの尾が写っていたことが判明する。つまり、そのうちの1枚を部分拡大して首長竜風に見せかけただけ、というのが真相だったのである。

ところが1994年3月、ウィルソンの知人と称する人物が、「あれは模型を作って撮影したトリック。エイプリルフールのつもりでやったが、大騒ぎになってひっこみがつかなくなって、いままで黙っていた」

上／1934年4月、ロンドンの外科医ロバート・ケネス・ウィルソンによって撮影された通称「外科医の写真」。

ム認定 AUTHORIZATION

上／ウィルソンが撮影した、ネッシーの２枚目の写真。カワウソの尾が写っているとされている。

という告白が公にされのだ。

これが大々的に報道されると、一大センセーションを巻き起こした。だが、これは明らかな誤報だ。「外科医の写真」はカワウソの尾であって、決して模型ではない。なによりこの告白によって、ネッシーの存在が全面的に否定されてしまったことは、愚かというしかない。

なぜなら、それ以降も信頼のおける複数の人物によって、ネッシーらしき怪獣の目撃は続いているからだ。１９９２年7月の大規模な調査ではソナーに巨大な生物の姿がキャッチされているし、近年では湖畔と湖底に24時間体制でカメラが設置され、数回にわたってネッシーらしき姿がキャッチされている。謎はまだ、終わっていないのだ。

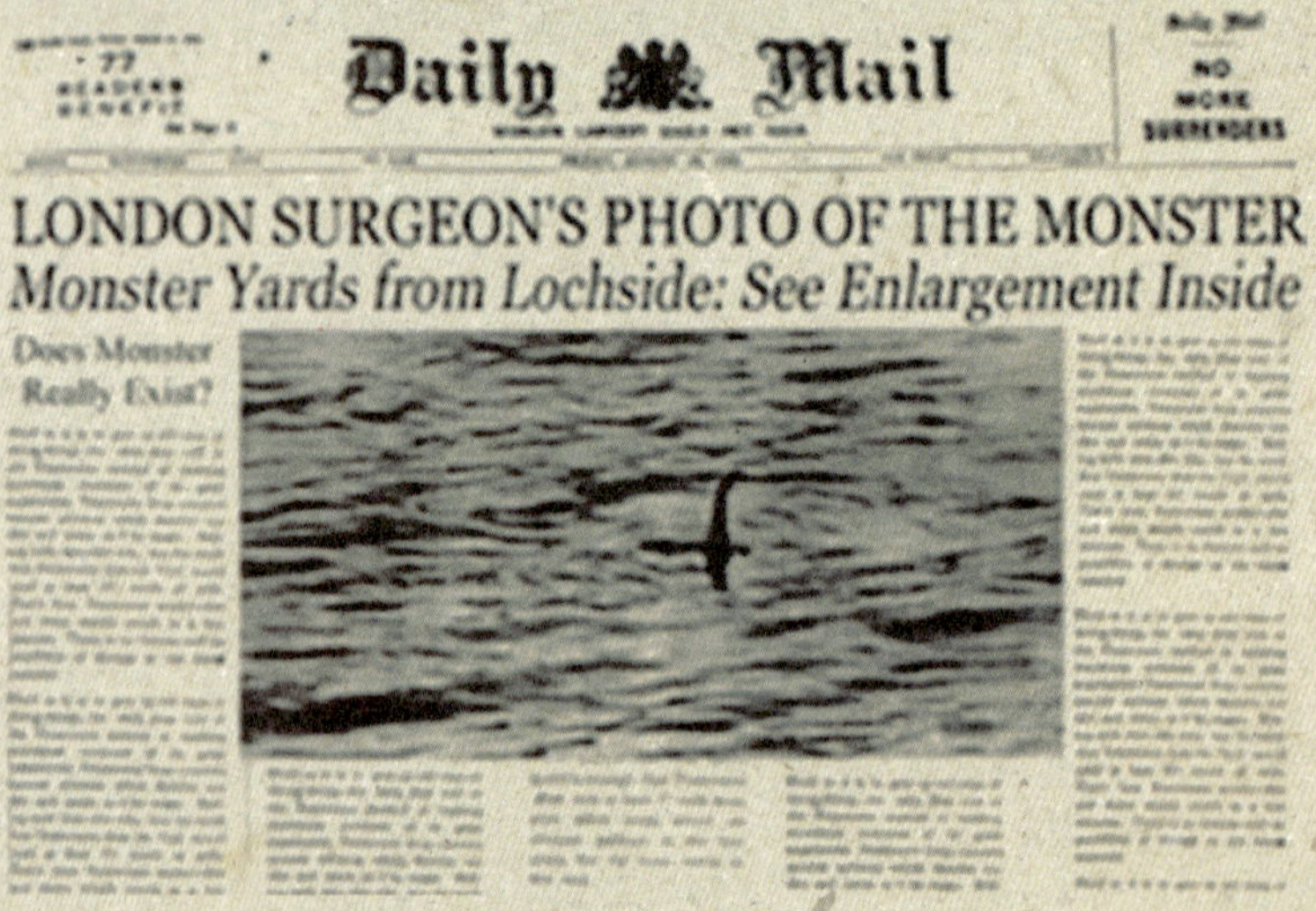

Daily Mail

NO MORE SURRENDERS

LONDON SURGEON'S PHOTO OF THE MONSTER

Monster Yards from Lochside: See Enlargement Inside

Does Monster Really Exist?

上／「外科医の写真」のオリジナル画像。湖面の波が写りこんでいる。その波と比べると、大きさが小さいことがわかる。下／「外科医の写真」を報じる当時の「デーリー・メール」紙。

Mock Ness Monster

Was the beast in that famous snap just a toy submarine from Woolworth's?

上／1994年3月、「外科医の写真」は、おもちゃを使ったトリックだったという知人の証言を報じる新聞。右／ウィルソンが使ったとされてしまった、トリック用のネッシーの模型の図。

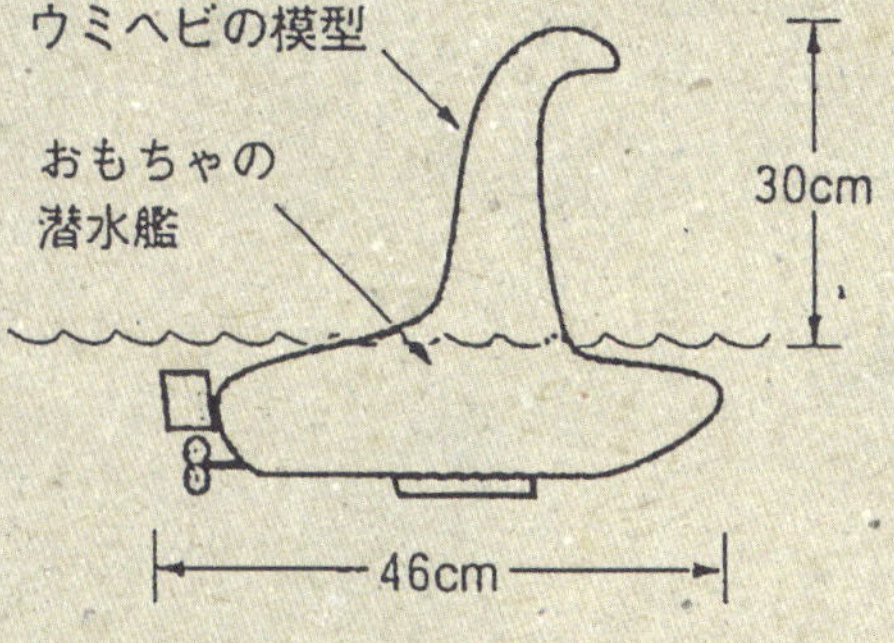
ウミヘビの模型
おもちゃの
潜水艦
30cm
46cm

右ページ上／2014年11月7日に撮影された、ネッシーの頭部とされる画像。角らしきものがあることが確認できる。下4点／2008年8月10日には、湖底カメラが水中で身をくねらせてうごめく謎の生物の姿をとらえた。

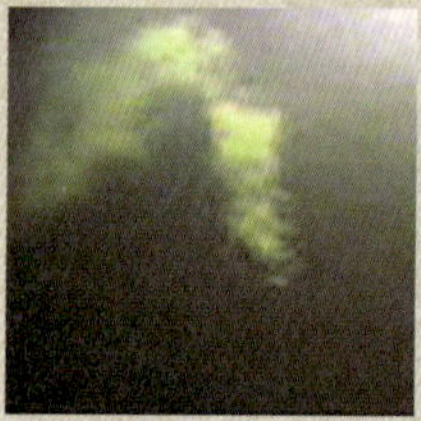
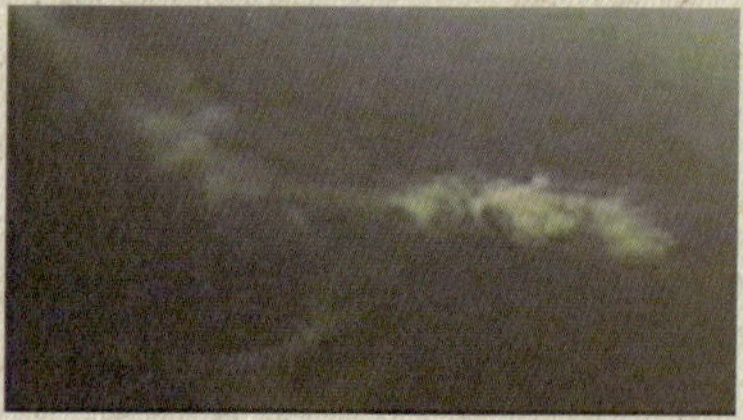
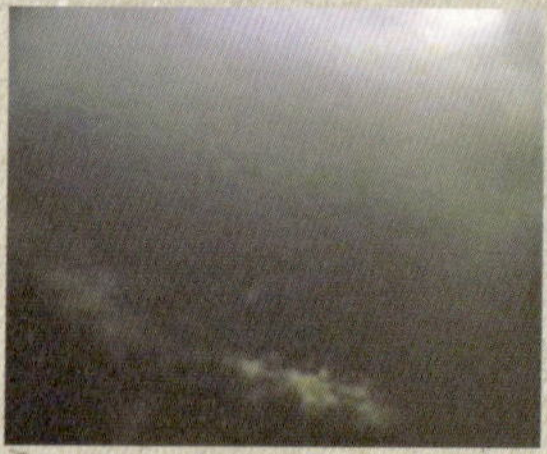

上／2017年5月7日に、ロブ・ジョーンズによって撮影されたネッシー。船のすぐ近くで鎌首をもたげている。下右／2002年8月21日、ネス湖の湖畔をドライブしていたのロイ夫妻が撮影したネッシー。下左／2010年11月26日に、携帯電話のカメラで撮られたネッシー。陽に照らされ、水に濡れた身体が光に反射して白く輝いている。

ティム・ディンスデール・フィルム

No.000006

1960年4月23日、地元イギリスにおけるネッシー研究の第一人者ティム・ディンスデールが、湖面に波を立てて泳ぎまわるネッシーの姿を16ミリフィルムに収めることに成功した。

カメラから約1・1〜1・5キロ離れた湖面を、丸みをおびた赤褐色の大きな物体が急速に遠ざかり、まもなく左へ90度向きを変えたかと思うと激しいV字形の波を立てて猛烈なスピードで泳ぎ去る様子を撮影したのだ。

映像に写った風景との比較から、湖面から露出した背の部分だけで幅1・8メートル、高さ約60センチの大きさであることが明らかになった。また巨大なV字形の波は、ボートのスクリューが作りだす線状の白い波頭とも異なっていた。ただ、あまりにも遠景であるために細部が確認できず、反対論者は「モーターボート説」を根強く主張したのである。

なお、1965年には「JARIC（英国統合航空偵察情報センター）」によって分析がなされ、次のような判定が下されている。

「この物体は船ではない。潜水艇の類いがネス湖を走った証拠もいっさいない。したがってこれは、おそらく巨大な生物である」

JARICは1980年にも再度、このフィルムをさらに精密な装置

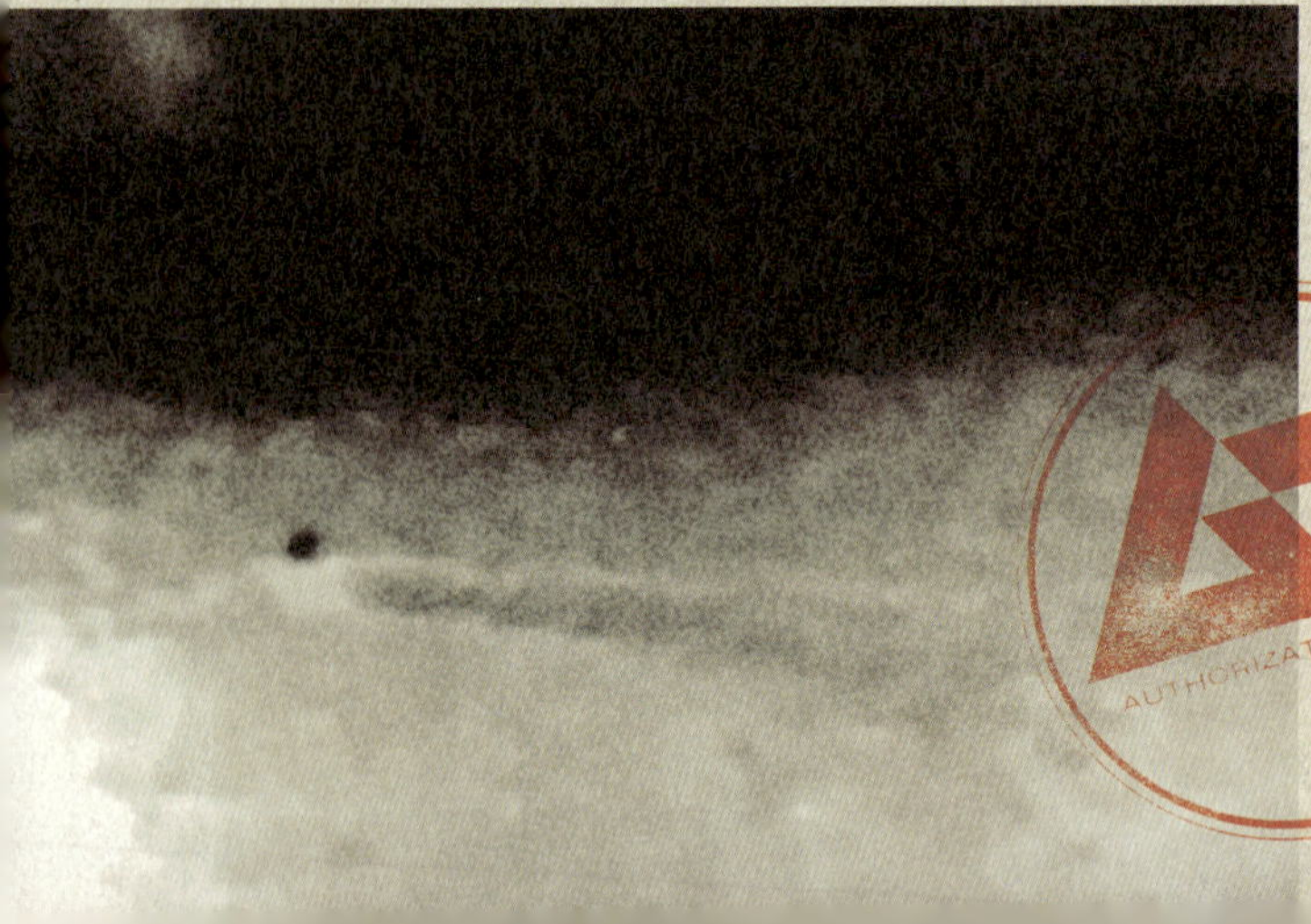

下左／1960年4月23日、ティム・ディンスデールによって撮影された、V字型の波を立てて泳ぎ去るネッシーの姿。下右／約1.1〜1.5キロ離れた湖面を急速に遠ざかる、丸みをおびた赤褐色の大きな物体。左／ネッシーのムービー撮影に成功したティム・ディンスデール。

で分析したが、結論は同じだった。

1972年にはジェット推進研究所（JPL）のコンピューターによる分析も行われたが、JARICと同様に「快速艇でも潜水艇でもない、コブ状の物体が水面を走っている」という判定が下されている。

ちなみにJPLの分析装置で画像の濃淡を強調したところ、大きなコブの背後から、もうひとつの小さなコブが見え隠れしながら動いていることがわかった。もしかすると親子か、あるいはオスメスのつがいだったのかもしれない。

ネッシーを撮影したというムービー・フィルムは現在では20数例にのぼるが、信憑性においてはこのフィルムに勝るものはないといわれている。

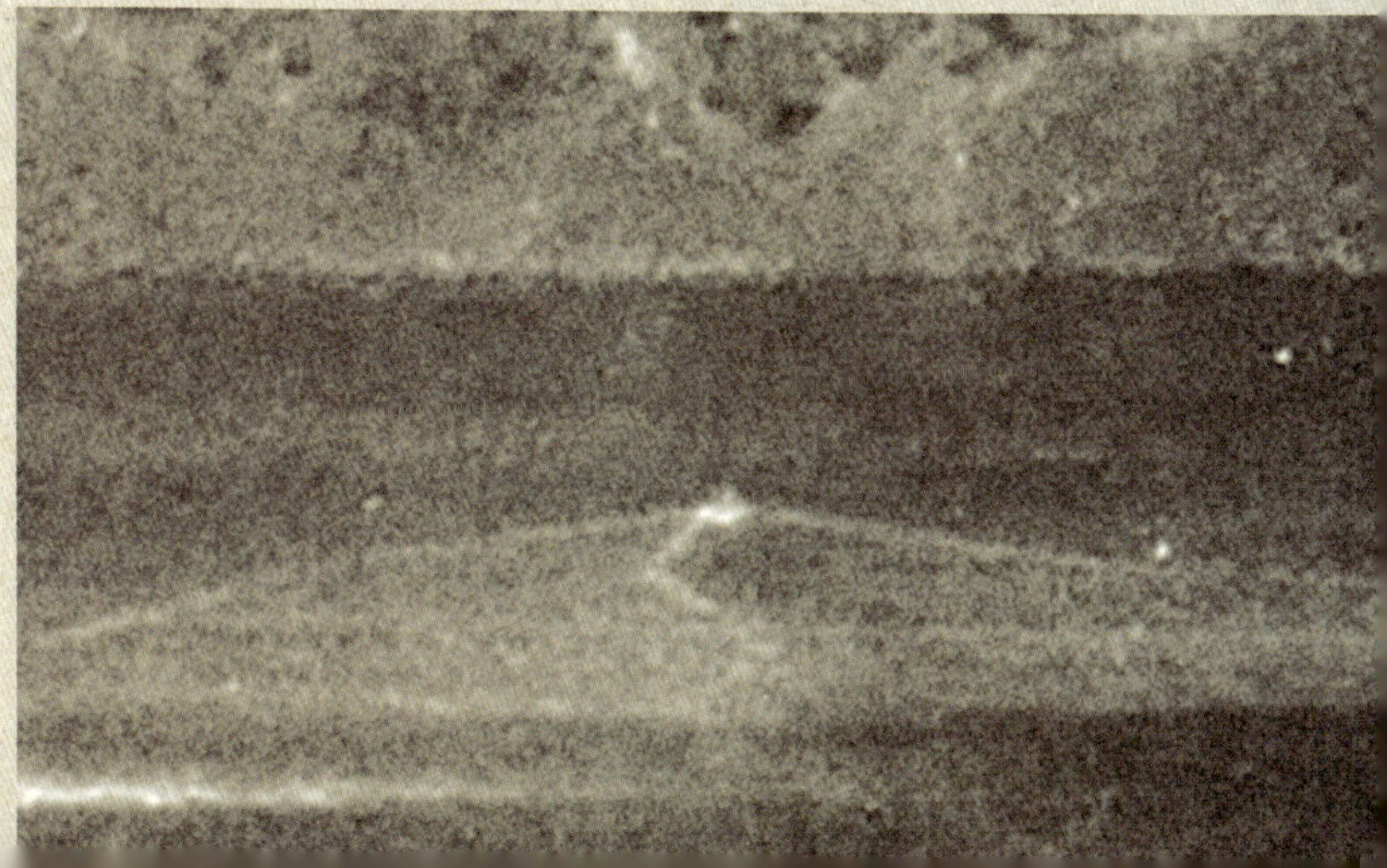

No.000007

ネッシー＝タリーモンスター説

1958年、アマチュア考古学者のフランシス・タリーは、アメリカ・シカゴ近郊の3億8000万年前の地層から、見たことがない生物の化石を発見した。

胴体から伸びた長い首のような突起の先には、ギザギザの小さな歯が生えた口がついていた。胴体の前方の上部からは細長い棒状の容器が両側に突きでており、その先端には目がついていた。

この奇妙な形態の生物は、「タリモンストラム・グレガリウム」と名づけられ、約3億年前の海底に生息していたきわめて原始的な生物と位置づけられた。その後、発見者の名を取って「タリーモンスター」という愛称で親しまれている。

タリーモンスターは、発見当初から生物学上どの種に属するのかまったくわからず、古生物学者たちを悩ませた。その形から何とか想像できたのが、イカの仲間ではないかということだった。

1970年代になると、怪獣ハンターのF・W・ホリディが、「ネッシーの正体は巨大化したタリーモンスターだ」と主張。ただし、タリーモンスターの体長が約10センチなのに対し、ネッシーの体長は数メートル。明らかに違うのだが、当時はタリーモンスターはイカの仲間、つまり無脊椎動物と考えられていたタリーモンスターこと、タリモンストラム・グレガリウムの想像イラスト（イラスト＝久保田晃司）。

ので、ダイオウイカのように巨大化する可能性があるとされたのだ。

ところが2016年3月、イェール大学がタリーモンスターの化石を再調査した結果、「背骨がある脊椎動物であることが解明された」という記事が雑誌「ネイチャー」に掲載された。こうして「ネッシーは巨大化した無脊椎動物＝タリーモンスター」という説は潰えたのである。

だが、タリーモンスターが脊椎動物ならば、中生代の巨大爬虫類の祖先になった可能性も完全には否定できない。外洋で大型化したタリーモンスターの子孫が、地殻変動によって形成されたネス湖に閉じ込められて生き延びた可能性もある。

いずれにせよ、タリーモンスター自体、まだまだ謎が多いのである。

化石とネッシー"ニッチ"説

No.000008

これまで撮影された写真や目撃情報から、ネッシーの正体については「首長竜＝プレシオサウルス説」が主流となっている。プレシオサウルスとは、中生代三畳紀（約2億5000万〜2億年前）からジュラ紀（約2億〜1億4000万年前）に栄えた大型の海棲爬虫類である。多くの学者や研究者が、このプレシオサウルスの生き残りがネッシーであるという説を唱えているのだ。

UMA研究家の山口直樹氏によると、生物は新しい「ニッチ（生態的地位）」を求めて進化するという。ニッチとは、簡単にいうと「生物が生態系の中で占める位置や役割」を指す。たとえば、オーストラリア

のカンガルーとアフリカのシマウマは「同じニッチを占めている」という。なぜなら、両方とも同じように草を食べ、肉食獣に食べられる立場であるからだ。

恐竜をはじめとする爬虫類は、中生代に見事なニッチを作りあげて繁栄したが、絶滅してしまった。その後、ぽっかり空いたニッチに哺乳類が入り込んで爆発的に進化したのである。すなわち、魚類のイクチオサウルスがイルカに、同じくテイロサウルスがクジラにというように、各ニッチを哺乳類がとって代わって進化したのだ。

では、プレシオサウルスはどうなのか？　実は、プレシオサウルスのような形態・食性で水中に対応した哺乳類は未だ確認されていない。

そして2003年7月、ネス湖畔でプレシオサウルスの化石が発見された。これにより、「ネッシー＝プレシオサウルスの生き残り説」はより濃厚になった。かつては海とつながっていたネス湖が淡水湖になった後も、それに順応して生き延びたプレシオサウルスがネッシーという哺乳類に「進化」した可能性がある。哺乳類は、体の機能を海棲から淡水棲に切り替えられることができる。これはバイカル湖の淡水に棲むアザラシが実証している。海棲のプレシオサウルスのニッチを埋める淡水棲の哺乳類、それがネッシーであってもおかしくはない。

上右／ネッシーの祖先か？　プレシオサウルスのイメージイラスト（イラスト＝久保田晃司）。左上／ネス湖の湖畔で発見された、プレシオサウルスの化石。

時折、海岸に流れつく、ものいわぬ怪生物の遺骸《いがい》がある。

われわれがまだ見たことのない、あるいは伝説でしか知らない怪獣を思わせる、見るからに異形な姿のこれらの遺骸が、海からわれわれのもとに辿り着くのだ。

たとえば、プランクトンが光合成できる限界は、水深２００メートルまでだといわれている。しかも水深１０００メートルに達すると、そこには光がほぼ届かない真の暗闇の世界が広がっているだけだ。

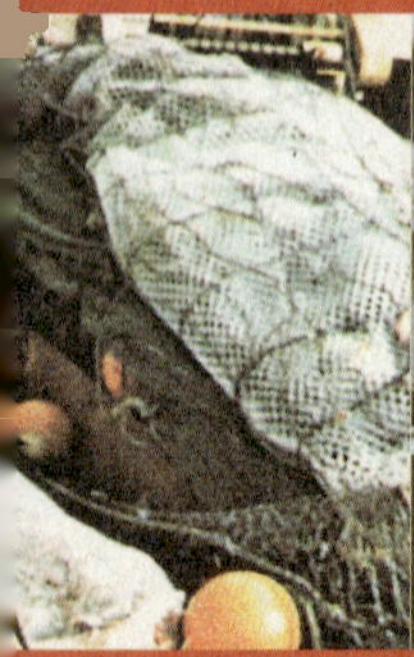

着怪物

また、水深8400メートルを超えると、そこは魚がまったくいない世界となる。ナマコやワームなど小さな生物だけで、魚の姿はぷっつりと途絶えてしまうのだ。

こうした光の届かない世界のことを、われわれはほとんど知らないでいる。そこにはどれほどの怪物たちが潜んでいるのか。

海辺に漂着するグロテスクな死骸は、そうした暗闇の世界の住人のものなのだろうか。本章では、そのミステリアスな一端を紹介していくことにしよう。

No.000009-No.000015

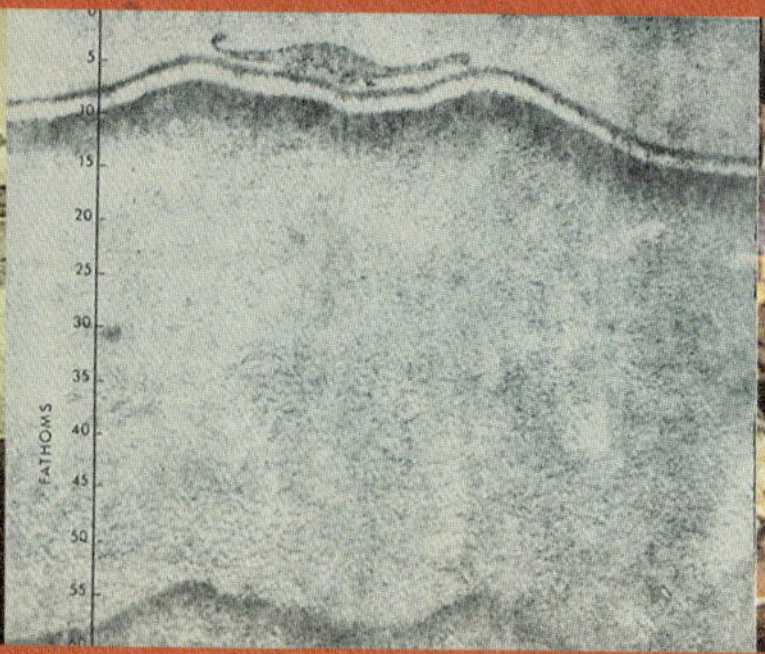

2章 海の漂

謎の漂着UMAトランコ

No.000009

1924年10月25日、南アフリカのマーゲート海岸沖で、謎の巨大生物が2頭のシャチと激しく格闘していた。その様子は海岸にいた多数の人によって目撃された。戦いは3時間にもおよび、翌日になると敗れた怪物の死体が砂浜に打ちあげられたのだ。

体長は約15メートル。目撃者によれば、目とゾウの鼻に見える器官があり、全身が約20センチの真っ白な毛で覆われ、さらに約3メートルのエビに似た尾があったという。

英語で「象の鼻」のことを「トランク（trunk）」というが、そこから象の鼻のようなものを持つこの生物は「トランコ」と呼ばれている。また、その巨体からアザラシなどの鰭《き》脚《きゃく》類《るい》である可能性は否定されている。

近年では2017年2月22日、フィリピンのディナガット諸島カグディアナオの海岸にも白色の体毛に覆われた、トランコによく似た怪物の死体が打ちあげられている。カグディアナオの市役所から派遣された調査チームはその正体について、体長約6メートル、体重約2000キロのマッコウクジラだ、という見解を示した。全身を覆う体毛は、白く腐敗した筋繊維だというのである。だが、本当にクジラの死骸なのだろうか？

通常、腐敗したクジラは肉が崩壊し、骨格の露出が認められる。だが、この死体には見当たらない。

また、こうした白くてブヨブヨしたものはクジラの死体から剥離し

認定
AUTHORIZATION

上／1924年10月25日に、南アフリカのマーゲート海岸に打ちあげられた怪獣トランコの死骸。下／打ちあげられたトランコのスケッチ。ゾウのような鼻が特徴的だ。

た胃袋や脂肪の塊だ、という海洋学者や専門家たちの意見もある。しかし、映像では切断面らしきところから出血しているのが見てとれるし、その切断面には本来、頭部がついていた可能性も垣間見える。もしも頭部があれば、体長は10メートルをゆうに超えるだろう。

さらにいえば、出血していることからして、原型のまま切断された可能性もきわめて強いといえそうだ。そうなればその正体について、ますます未知の水棲UMAトランコ説が濃厚になってくるのだが。

上／右／右下／いずれも2017年2月22日に、フィリピンのディナガット諸島カグディアナオの海岸に打ちあげられたトランコらしき怪獣の死骸。切断面から出血しているのがわかる。

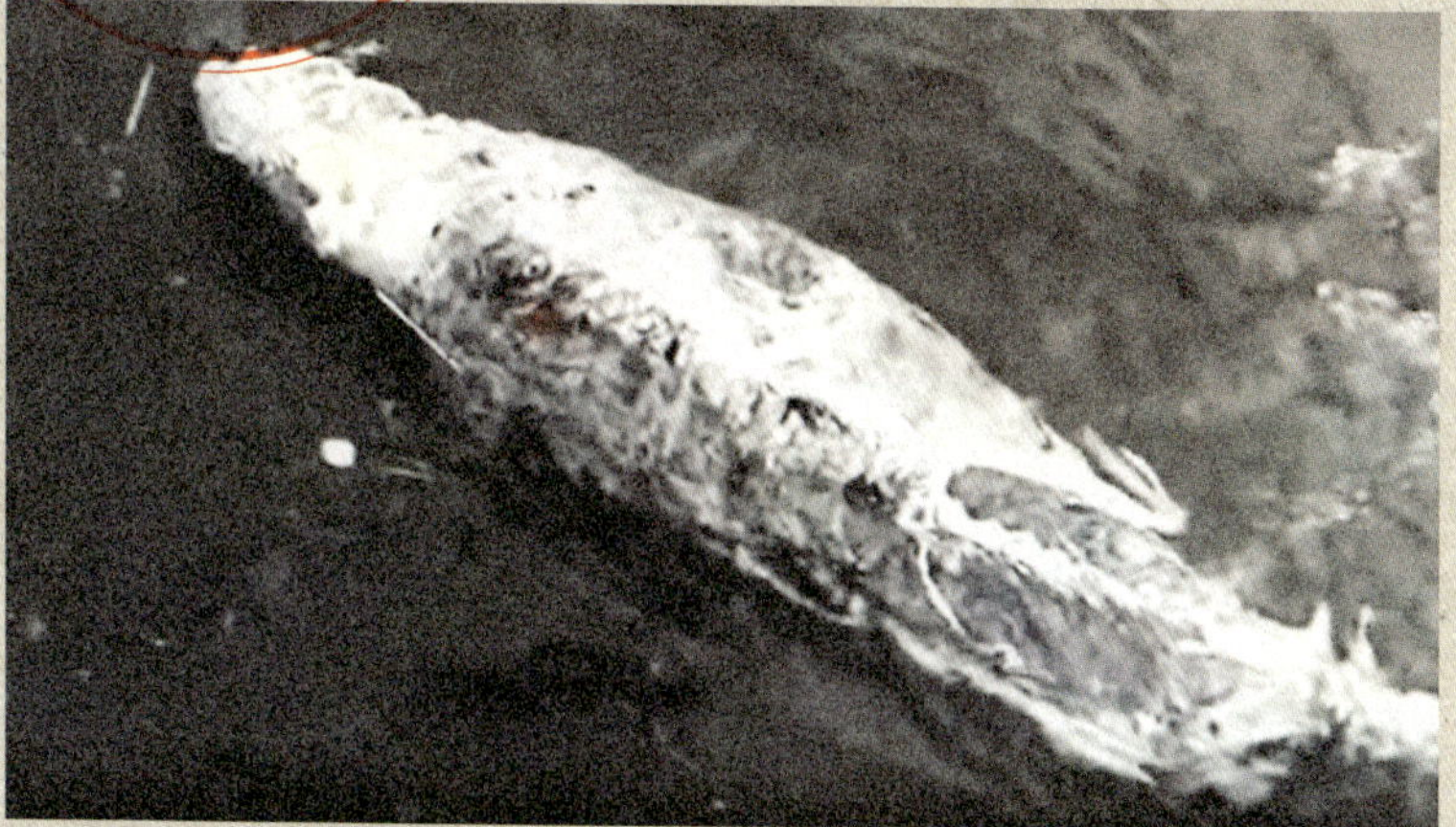

上／こちらは腐敗したクジラの死骸。調査チームはトランコらしきものの正体を、体長約6メートル、体重約2000キロのマッコウクジラだというのだが、特徴は大きく異なる。

カナダ近海の水棲獣キャディ

No.000010

カナダのバンクーバー島南端の沖合、キャドボロ湾周辺で目撃が多発していることから名前がつけられたキャディは、「キャドボロ・サウルス」とも呼ばれる巨大水棲生物だ。

全長9~15メートル。ウマを思わせる頭部、ヘビのように細長く、背にコブもしくはコイル状の突起があり、ふたつに割れた尾ヒレをもつ。四肢は未確認だが、爬虫類から哺乳類への進化の間にある生物の生き残りではないか、という見解もある。

そのキャディの死骸とされる写真がある。

1937年7月、クイーン・シャーロット諸島で捕獲された雌クジラの解体作業中に、クジラの腹部から異形の生物の死骸が出てきたのだ。すでに半分は消化されていたが、首の後ろがコイル状になっている点や哺乳類のような頭部を持つ点などから、ブリティッシュ・コロンビア大学の海洋生物学者ポール・レブロンド博士と動物学者エド・バウスフィールド博士は、「キャディの幼生の死骸だ」と指摘した。

左ページ上／1937年7月に撮影された、キャディの死骸とされる写真。下／1930年代に撮られたとされる、海を泳ぐキャディの写真。

公式記録では「シカゴのフィールド博物館に船便で輸送された」とされているが、行方は知られていない。ちなみにバウスフィールド博士が写真鑑定した結果、画像の信頼度は高く、科学的に十分な説得力を持つと認めて

いる。
キャディの目撃は1905年から現在まで160件もあり、死骸発見も6件に及んでいる。
直近では2015年6月28日、ロシアの極東に位置する樺太（サハリン）西部の海岸に、クチバシと剛毛に覆われた尾がある体長約5・5メートルの死骸が漂着した。この怪獣は、ところどころ皮膚が引き裂かれ、血まみれになっていた。同島では2006年7月にも、よく似たUMAが漂着している。
キャディらしきUMAは、ノルウェー沖や地中海ギリシア沖でも目撃されている。活動範囲が広まっているのか、あるいは近縁種が生息しているのかもしれない。

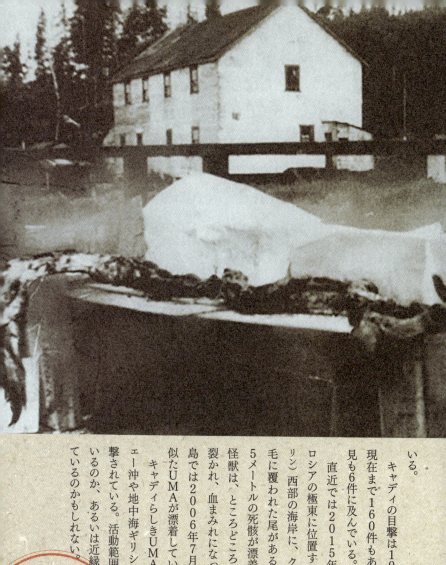

上／2006年7月に、樺太（サハリン）北部に漂着したキャディと思しき生物の死骸。下／2015年に樺太（サハリン）に漂着したキャディらしき死骸には、フサフサとした毛が生えている。

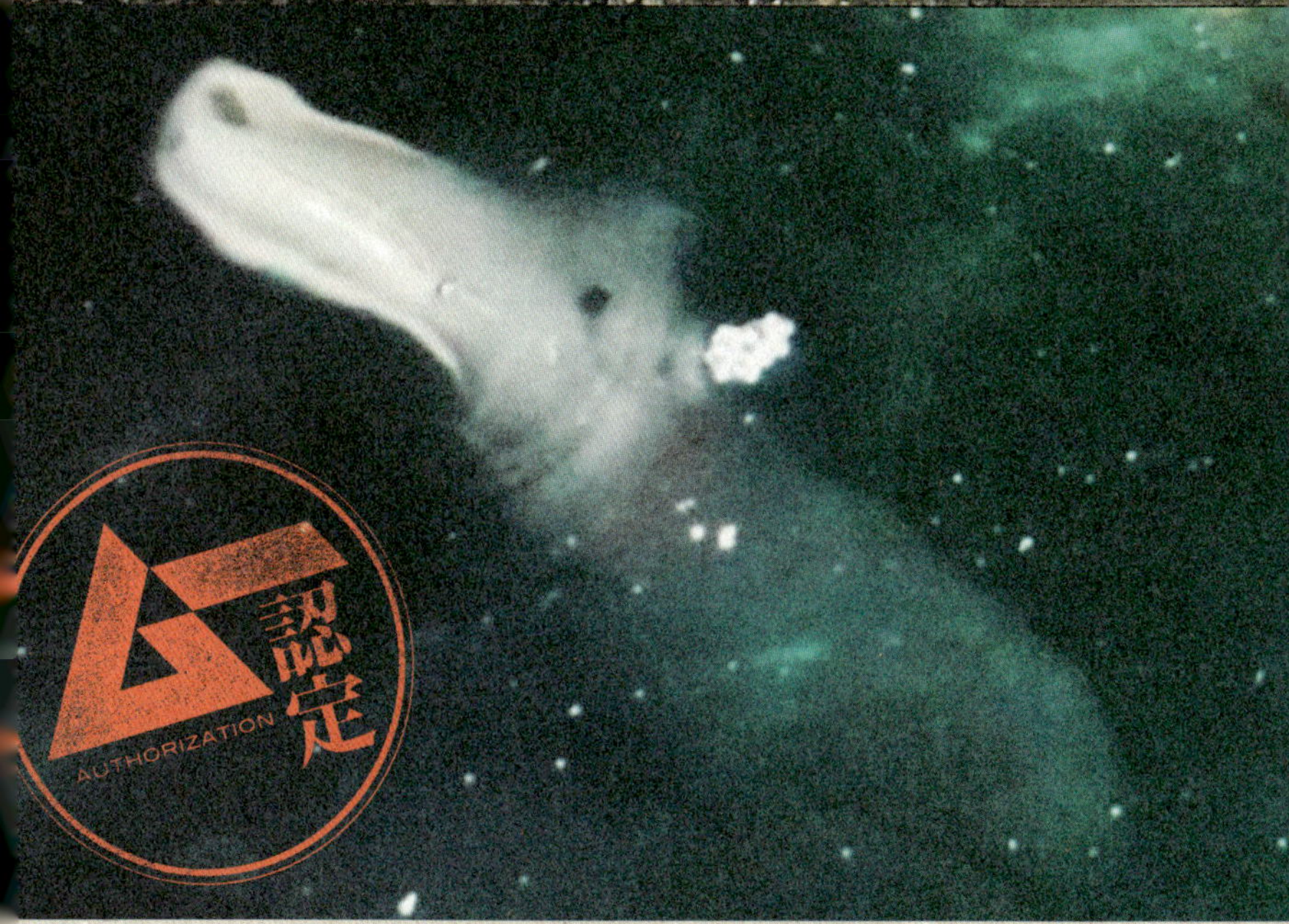

上／こちらも2015年に樺太（サハリン）に漂着したキャディの頭部。クチバシ状のものが見える。下／2015年、地中海東部のケルキラ島で撮影されたキャディらしき生物。生息域が広がっているのか。

正体不明の漂着UMAグロブスター

No.000011

The Mercury

NEARLY AS BIG AS A HOUSE!

IT WAS COVERED WITH FINE HAIR

"SEA MONSTER" FIND MAY BECOME WORLD TOPIC

AN expedition returned to Hobart from the West Coast yesterday with a story of a "sea monster" which could arouse world-wide interest.

They described the remains as conforming to no known animal, and examination may bring to light the fact that it is, indeed, unique.

Tough going for party

上／1960年にタスマニア島西部海岸に打ちあげられた「タスマニア・グロブスター」について報じる新聞。全長約6.1メートル、幅約5.5メートル、重さは5トンから10トンもあった。下／1968年8月に、ニュージーランドに漂着したグロブスター。全長さは9メートル以上もあった。

海岸にはときおり、謎の生物の肉塊が打ちあげられる。1960年代初頭、アメリカの動物学者で隠棲動物学の権威でもあった故アイバン・サンダーソンは、この肉塊を「グロブスター」と名づけた。「ブロブ（不定形肉塊）」と「グロテスク」「モンスター」を合成した造語だ。

　そのはしりが1960年、タスマニア島西部海岸に打ちあげられた「タスマニア・グロブスター」である。全長約6・1メートル、幅約5・5メートル、重さは5トンから10トン。目がなく、口とおぼしきあたりに柔らかい牙状の突起物があった。背骨と柔らかい肉質の腕があり、体表は硬質で白い剛毛に覆われていた。

次いで1968年8月、ニュージーランド北島の西岸ムリワイの浜辺に全長約9・1メートル、全高約2・4メートルにもなるグロブスターが漂着。

　また1990年にはスコットランド沖のヘブリディーズ諸島のベンベキュラビーチに、長さ3・7メートル、頭らしき部分と背中全体にヒレらしきものが並んだ肉塊が発見されている。

　1997年にタスマニア島のフォーマイルビーチに漂着したグロブスターは、体長約4・6メートル、幅1・8メートルほどで、重量は4トン前後。両側の櫂《かい》状のヒレ足、白毛のかたまり、6個の袋状突起物があった。

　その正体についてだが、多くの科学者は「クジラの脂肪質が固まったもの」と主張している。だが2003年6月24日に南米チリに漂着したグロブスターについては、鯨類保護センターの海洋学者エルザ・カブレラ博士が、無脊椎動物という見解を発表。死骸が放つ臭気がクジラと異なったことが最大の理由とされた。

　直近の例としてはロシア、カムチャツカ半島のベーリング海に面した海岸に悪臭を放つグロブスターが漂着したと「シベリアン・タイムズ」紙（2018年8月15日付）が報じている。体長約8メートル、重さ4トンで、櫂《かい》状のヒレ足と長い尾のようなものがあり、細いチューブ状になった体毛が全身を覆っていた。

上／1997年、タスマニア島フォーマイルビーチに漂着したグロブスター。下／2003年6月に、チリに漂着した巨大肉塊。クジラとは明らかに異なる。

上3点／2018年にロシアのカムチャツカ半島に漂着したグロブスター。毛に覆われ、櫂《かい》状になったヒレ足、細い尾もしくは頭らしきものが見える。

ニューネッシーの正体

No.000012

1977年4月25日の午前11時ごろ、ニュージーランド沖で操業中の大洋漁業のトロール漁船、瑞洋丸が巨大生物の死骸を引き揚げた。全長約10メートル、首の長さは1・5メートル、尾は2メートルほど。大きな頭、長い首、太い胴体、さらにヒレ状突起が前後に2本ずつ。ヒレの先端には、軟骨のようなヒゲ状物が40～50本付着している。重量はおよそ2トン。腐敗の度合いから、死後約1か月と推定された。

海中に投棄される直前、矢野道彦氏（当時39歳）は死骸を写真撮影し、骨格の測定図を大学ノートに記録。さらにヒレ先のヒゲ状物を40本ほど抜き取ると「証拠品」として持ち帰った。後に、その姿がネッシーの正体と考えられていたプレシオサウルスに似ていたことから「ニューネッシー」と名づけられ、第一線の科学者たちも調査に加わってくる。

ヒゲ状物の化学分析にあたった東京水産大学（現：東京海洋大学）の木村茂博士は、含まれるタンパク質成分がサメ類に似ていると指摘し、ウバザメないしその近縁種説を主張。マスメディアも同説を報じた。一方、田中船長以下、瑞洋丸の船員は口を揃えて、「絶対にサメ類ではない。後ろにも1対のヒレがあったし、首や尾の骨もサメとは違い、正方形の硬いブロックだった。腐敗臭も馴染み深い魚とは違っていた」と、現場の専門家らしく反論した。

たしかに画像に写っている頭部の骨格はサメ類とは思えないし、口から舌のようなものも出ている。また背中の裂け目に赤い肉とその上の

上／「ニューネッシー」と呼ばれた謎の巨大生物の死骸。いかにも怪獣らしい姿をしている。

脂肪質が見てとれるが、サメの肉は赤くないし、皮下脂肪も存在しない。

なお、日仏海洋学会が1978年8月に発表した『瑞洋丸に収容された未確認動物について』という報告書では正体を確定することもなく、あくまでも「未確認動物」と書かれている。ニューネッシーは、日本の魚類医学、比較解剖学、古生物学の専門家、角質繊維の分析にあたった研究者など、プロフェッショナルが認めた〝UMA〟なのである。

上／船上に引き揚げられた死骸。頭部の骨格を見ると、明らかにサメではない。また、口から舌らしきものが出ていることも、サメではない証拠となる。

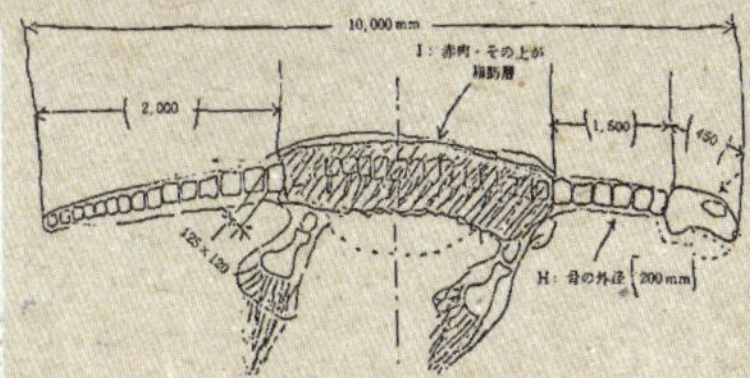

上／ニューネッシーの背中の赤肉。その上が脂肪質だとすれば、これもサメにはない特徴である。中上／死骸から推測される、全身の骨格想像イラスト。左／ニューネッシーの全体像。まさに、プレシオサウルスを彷彿とさせる姿をしている。

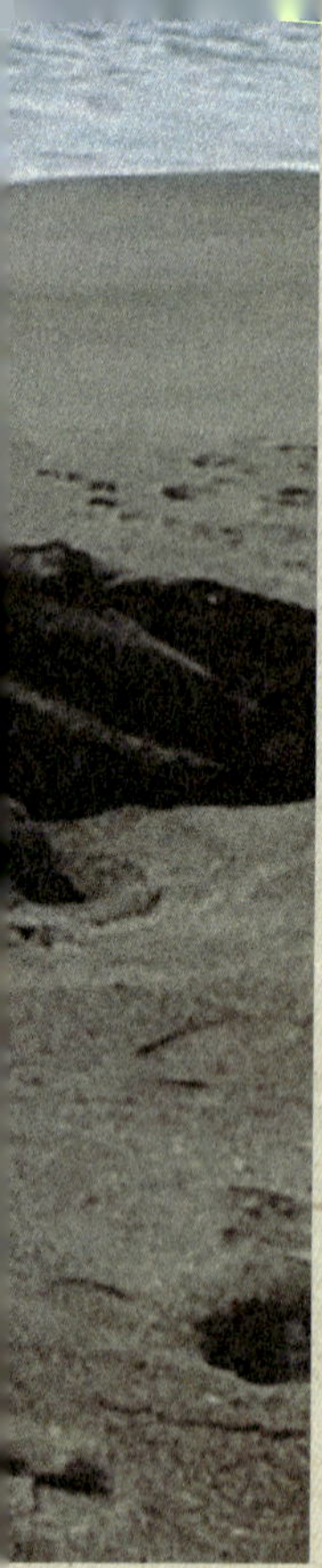

ニュージーランドの海竜モササウルス

No.000013

2013年4月下旬、ニュージーランドのオークランド市から南東に約190キロ離れたプケヒナビーチで、謎の生物の死骸が発見された。現地在住のエリザベス・アンさんが早朝、散歩中に発見し、撮影したものだ。

体長は約9メートル。左半分が砂に埋まっているが、大きい口と鋭利な歯が確認できる。ヒレのような突起もあり、尾のように伸びているものは、内臓のようにも見える。

この怪物の動画が同年5月上旬にYouTubeにアップされると、たちまち世界中で話題になった。

複数のメディアから取材を受けたアンさんは、「この生物は海の中で食われてしまったようで、内臓がほとんどなくなっていました。もしかすると古代の海竜なのでしょうか……。だれかわかりますか？」と訴えている。

それに対し、イルカ、アザラシ、シャチ、恐竜、未知の深海生物など、さまざまな意見が寄せられた。なかでも「シャチ」「シャチの亜種」「白亜紀に存在した古代の海竜」という主張が多かったようだ。

その後、漂着モンスターの映像はニュージーランド自然保護局や水族館にも送られた。自然保護局の局員は、「当初、シャチかと思ったが歯の形状が少し違う。このような生物は見たことがない」とコメントしている。

また、ネット上では古代の海竜「モササウルス」の死骸ではないかとい

左ページ上／2013年4月下旬、ニュージーランドのプケヒナビーチで発見された謎の生物の死骸（YouTubeより）。右／上から死骸の頭部、尾、腹部。モササウルスではないかとの説もある（YouTubeより）。

う意見も出た。モササウルスは白亜紀に生息していた肉食海棲爬虫類で、頭部から背中にかけてのタテガミが特徴だが、死骸にはタテガミがない。とはいえ、かなり腐敗していたために抜け落ちた可能性もある。

地元テレビ局から調査依頼を受けた海洋哺乳類専門家のアントン・ファン・ヘルデンは、「ヒレと思われる突起の形は、近海でよく見られるシャチに似ています。詳細な分析をしてみないと何ともいえませんが……」との見解を示し、ＤＮＡ鑑定などを行うと伝えられたが、その後、詳細な分析結果は公表されていない。

いずれにせよ、多くの謎に包まれていることは間違いないだろう。

テレビカメラが捉えた海獣マービン

No.000014

1967年10月9日深夜、アメリカの油田開発会社シェル・オイルが、カリフォルニア州サンタバーバラの沖約83キロの海底で、油脈の掘削作業を行っていたときのことだった。

フォレスト・エイドリアンが、水中の作業光景のモニターテレビのスイッチをオンにすると、海底深く突き刺さった掘削ドリルやワイヤー、鉄骨、小魚の群れなど、いつもの海底の光景が映しだされた。が、やがてエイドリアンの目はそこに、奇妙なものを捉える。

「機械の故障か？ それとも目の錯覚なのか？」――異様な生物が身をくねらせ、ワイヤーや鉄骨に絡みつきながら泳いでいたのだ。見えている部分だけでも約4メートルはある。まるで大ウミヘビの尻尾のようだった。エイドリアンはとっさに16ミリムービーカメラを掴み、モニターテレビの画面を撮影した。

「怪物だ！ 怪物がいる！」

エイドリアンはすぐに掘削主任のポール・マーティンを呼んだ。ふたりで画面の怪物を凝視すると半透明で全長約7メートル、イボイボのついた筋を幾重にも巻いて、それがつながったような形状をしていた。頭部には目と口らしきものがあった。怪物は渦巻くように身をくねらせながら泳いでいる。モニターテレビに姿を現したのは2度。最終的には、沖へと姿を消してしまった。

映像が公開されると、「極小のクラゲが集合して帯状に連結したのではないか」「太古から進化せず生きつづけてきた未知の生物だ」などと、学者たちの間でも意見が分かれた。

だが、サンタバーバラのベテラン漁師は、「あれはマービンだろう。子供のころから聞かされていたよ」という。実はアメリカのカリフォルニア州サンタバーバラには、古くから沖合いの海に棲息する大ウミヘビタイプの怪獣マービンの伝説が、漁師たちの間で語り継がれていたのだ。

ただし詳しい情報はほとんどなく、姿が撮影されたのもこの1度だけだ。当然、正体はおろか生態も、いまもって未知の怪獣なのである。

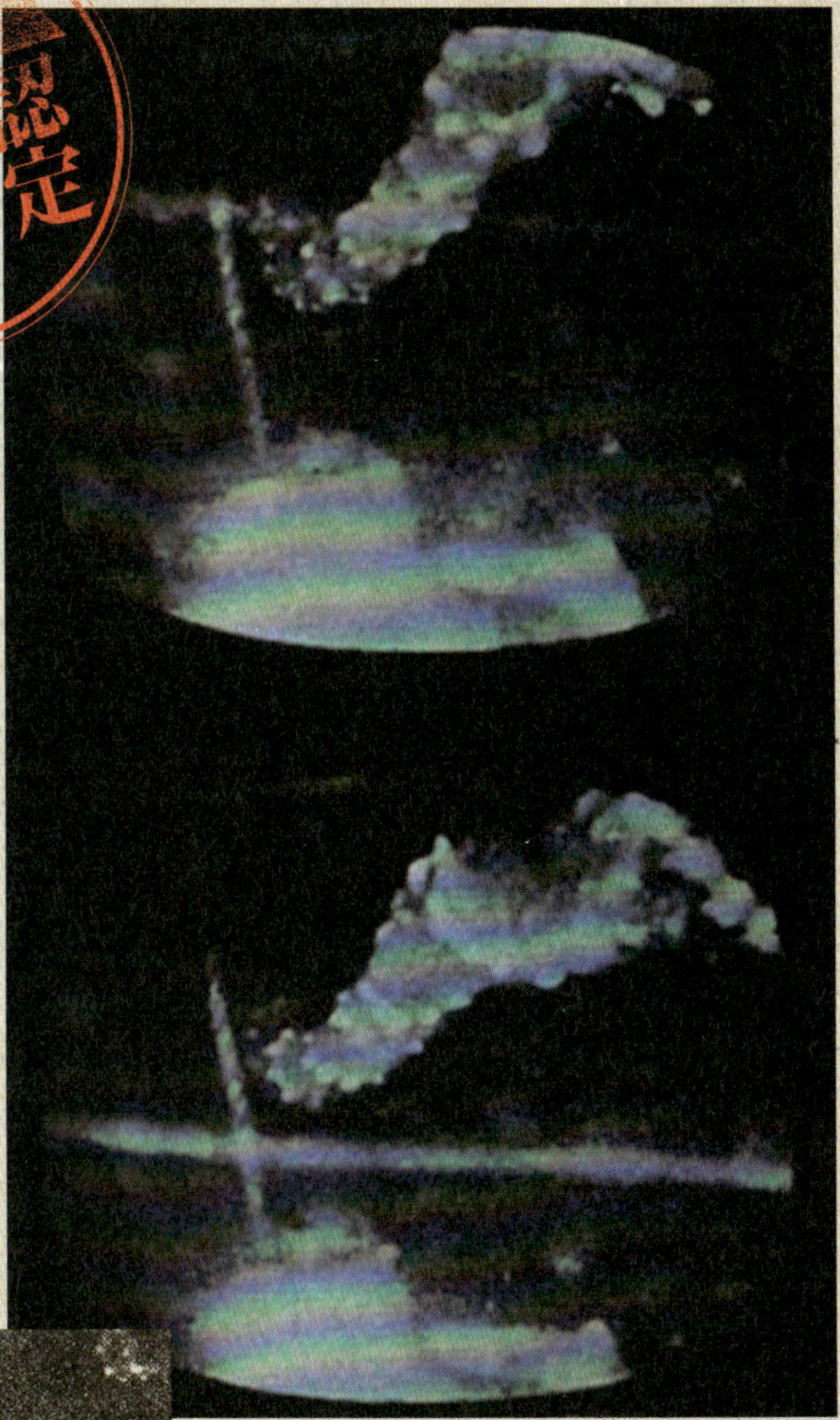

上／1967年10月9日に、サンタバーバラ沖の海底で水中カメラがモニターに映しだした怪獣。地元漁師の話によれば、怪獣マービンだという。左／マービンのイメージイラスト。

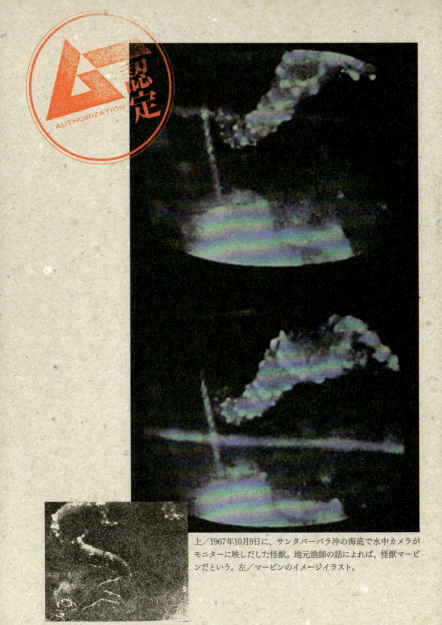

世界の漂着UMA事件

No.000015

最後に漂着UMA事件を、アラカルト的に紹介してみよう。

古くは1928年4月、胴体から半分にちぎれた怪獣の死骸が、イギリス南西部コーンウォール地方の海岸プラ・サンズに打ちあげられている。体長約9メートル。体毛で覆われ、ヒレか足のような突起物の前部分で切断されていた。船のスクリューに巻きこまれたのではないかと推測された切断面からは、脊椎の一部らしい円盤状の骨が見てとれる。体毛があるからには、サメやクジラ目の生物ではなく、巨大水棲獣だということになる。

近年では1990年6月、アメリカ、オレゴン州メアレス岬の海岸に巨大なヒレを有した体長約10メートルの巨大生物が漂着している。細長い首の先にあるはずの頭が失われているが、見かけはまさに太古の海竜そのものである。

2008年7月、アメリカ、アラスカ州ヌニバク島のメコリュクの岸辺に漂着した死骸は、滑らかな表皮、長い首と尾があり、地元の古老たちは、伝説の水棲獣「カクラト」だと指摘した。カクラトは1969年4月15日に科学データも採取されている。同日、アラスカ北部のシェリコフ海峡のラズベリー島沖を航行中のノルウェー漁船マイラーク号の断面式ソナー、ジムラッドが、海底にい

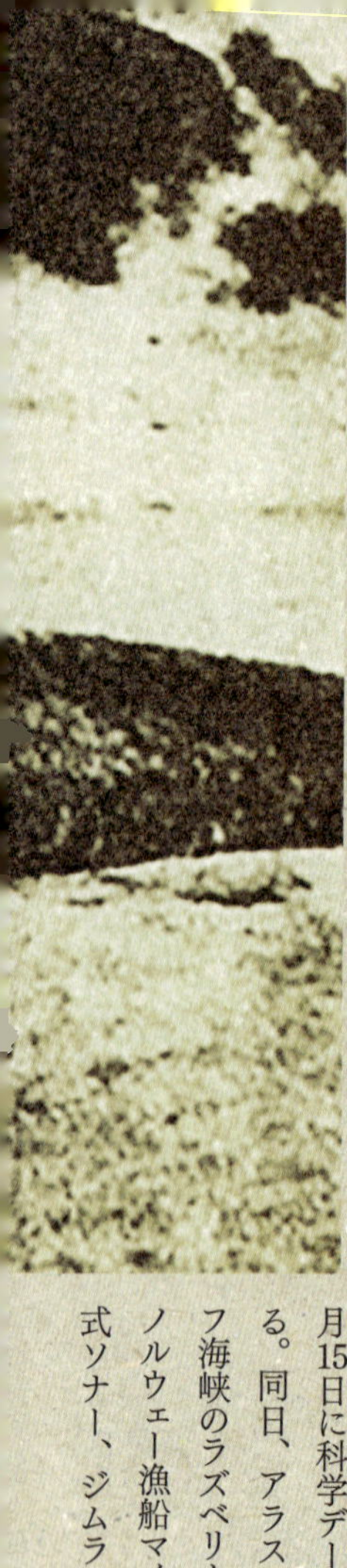

左／1928年4月、プラ・サンズに打ちあげられた切断死骸。切断面からは背骨らしきものが見てとれる。下／1990年6月に、アメリカのオレゴン州メアレス岬の海岸に漂着した、巨大なヒレを有した体長約10メートルの巨大生物の死骸。

る怪獣の姿を探知し、グラフにその姿を明らかにしたのだ。その姿はまさにネッシータイプで、新種のヒレ足哺乳類か、さもなければプレシオサウルスそのものだった。

2013年8月15日には、スペイン南部、アンダルシア州ビジャリコスのルイ・マレー海岸に、伝説の神獣ドラゴンを思わせる巨大生物の死骸が漂着した。体長約4メートルで、頭部に大きな2本の角が生えていた。

直近では、2018年5月11日の夜、フィリピンのミンドロ島の東ミンドロ州サンアントニオの海岸に、巨大で毛むくじゃら、悪臭を放つ体長約6メートルの「肉塊」が漂着。住民たちはこれを、「不吉の前兆」として忌み嫌ったという。

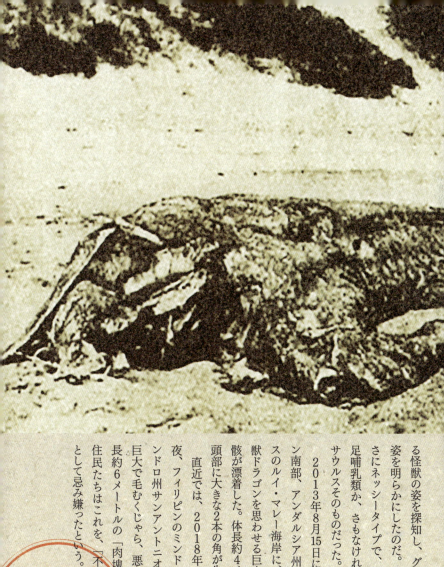

上／2008年7月、アメリカ、アラスカ州ヌニバク島のメコリュクの岸辺に漂着した死骸。古老たちは伝説の水棲獣「カクラト」だと指摘した。下／1969年4月15日にシェリコフ海峡のラズベリー島沖でソナーにとらえられた「カクラト」。その姿はまさにネッシータイプだ。

上3点／2013年8月15日にスペイン南部、アンダルシア州ビジャリコスのルイ・マレー海岸に打ちあげられた、神獣ドラゴンを思わせる巨大生物の死骸。下右／2013年6月3日、スコットランド・セントアンドリュース海岸に漂着した謎の生物の死骸。下左／2018年にフィリピンのミンドロ島に打ちあげられた、巨大で毛むくじゃら、悪臭を放つ体長約6メートルの「肉塊」。

険しい山岳地帯や深い森の奥に潜《ひそ》んでいるとされる獣人。

古くは中国の野人、そして世界的に有名なヒマラヤの雪男＝イエティ、しばしば人を驚かせる北米の森林に出没するビッグフット……。それらの目撃報告は世界各地から次々と寄せられている。

獣人たちの最大の特徴は、なんといってもその姿や行動パターンが、われわれ人間ときわめてよく似ているということだ。本章でも紹介するが、なかには人間の村に住みつき、人

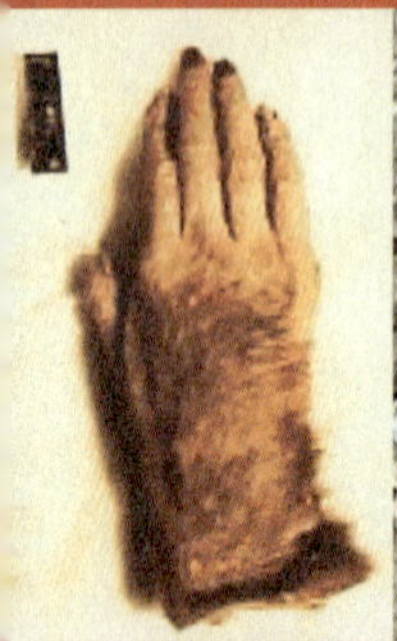

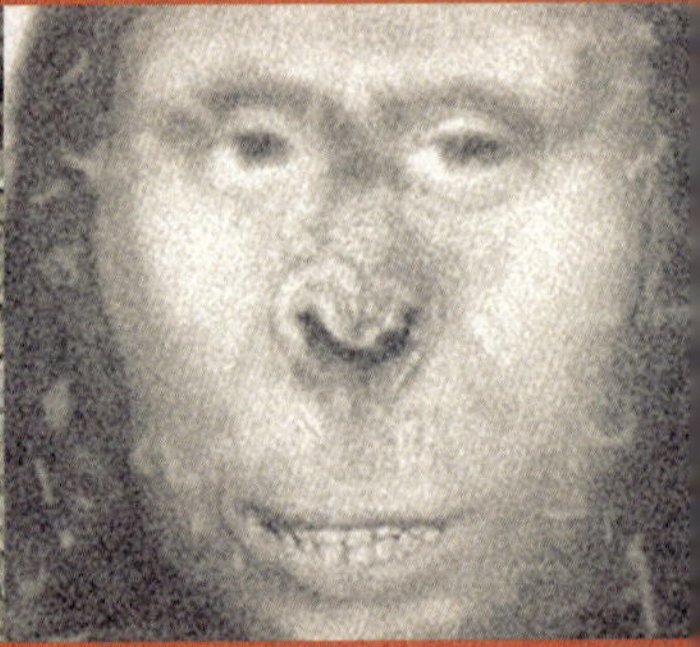

人

間との間に子供をもうけたという衝撃的なケースもある。

もしも事実であるのなら、われわれ人間と交雑ができるほど、遺伝子的に近い存在ということになるわけだが。

はたして彼らの正体は何なのか？　よくいわれるように、未発見の類人猿か、あるいは進化の過程で取り残された、猿人や原人の生き残りなのか。

謎に満ちた獣人たちの記録を見ていくことにしよう。

No.000016-No.000024

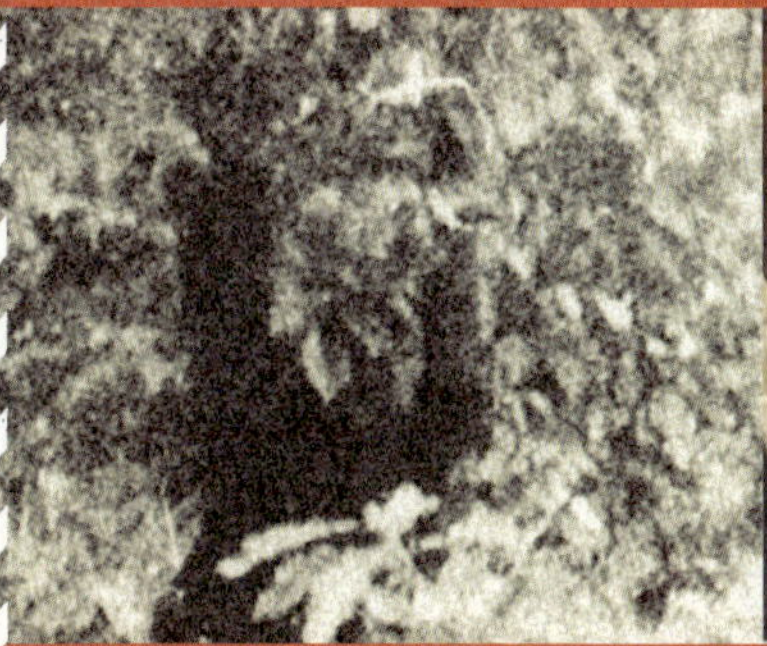

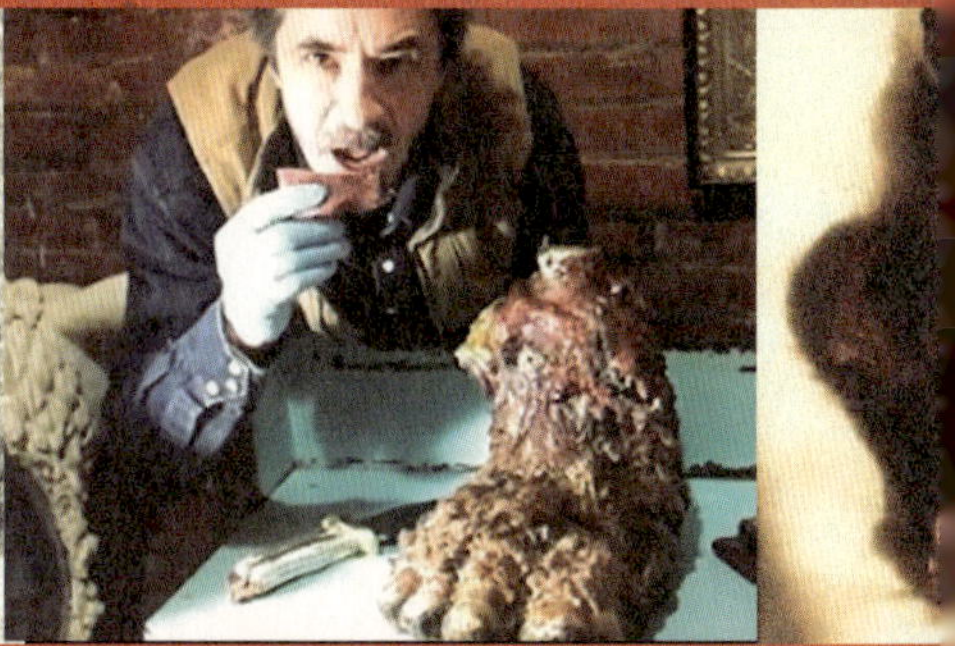

3章 獣人・野

歴史書にも登場する野人＝イエレン

No.000016

中国の秘境、湖北《こほく》省神農架《しんのうか》を中心とする標高1500メートル以上の山地に出没するイエレン（野人）は謎の類人猿だ。体長は1・5～2メートルほどで、全身が赤茶色もしくは赤黒色の長い毛で覆われており、顔つきは細長く、尖った頭頂部を持ち、額も広い。肩幅が広くがっしりとした体形で、手が長く異臭を放つともいわれる。

イエレンは清時代の歴史書『房県誌』にも記録がある。なお房山とは、現在の神農架のことだ。

「房山は高険ニシテ幽遠ナリ。石洞ハ房の如シ。毛人多ク、ソノ長ハ丈（約3メートル）ニ余ル。遍ク体毛ヲ生ジ、時ニ出デテ、人、鶏、犬ヲ噛ム……」

1957年5月には、浙江省で身の丈1・5メートルのメスのイエレンが射殺されたという記録がある。この事件ではイエレンの手足が切り取られており、その事実は1983年になって初めて明らかになった。

また1981年には中国の人類学者らによって研究会が発足し、物的証拠も獲得されている。

たとえば、2007年11月18日早朝、神農架自然保護区の南東部ラオジュン山の麓を流れるリチャ川沿いで、1台の車に乗った2組のカップルが2体の獣人と遭遇。全身が黒くて長い毛に覆われていたが、人間によく似ていたという。

翌朝、4人が森林管理センターの警備員2人とともに現場を訪れてみると、草の上に長さ約30センチの、全体が弧状になった左足と見られる足跡が発見された。翌日には地元紙の記者、中国科学院の専門家らが現地調査を実施。川べりにそって、歩幅約1メートルで点々と連なる不規則な歩き方をした足跡の型や、木の枝にからまった体毛も採取されている。

イエレンの正体だが、身体的特徴や雑食という食性などから、かつてこの地に生息し、半四足歩行から二足歩行にまで進化した化石霊長類ギガントピテクスではないか、と考えられている。

上／イエレン＝野人のスケッチ。イエレンは清時代の歴史書にも記録されている、中国を代表するUMAだ。

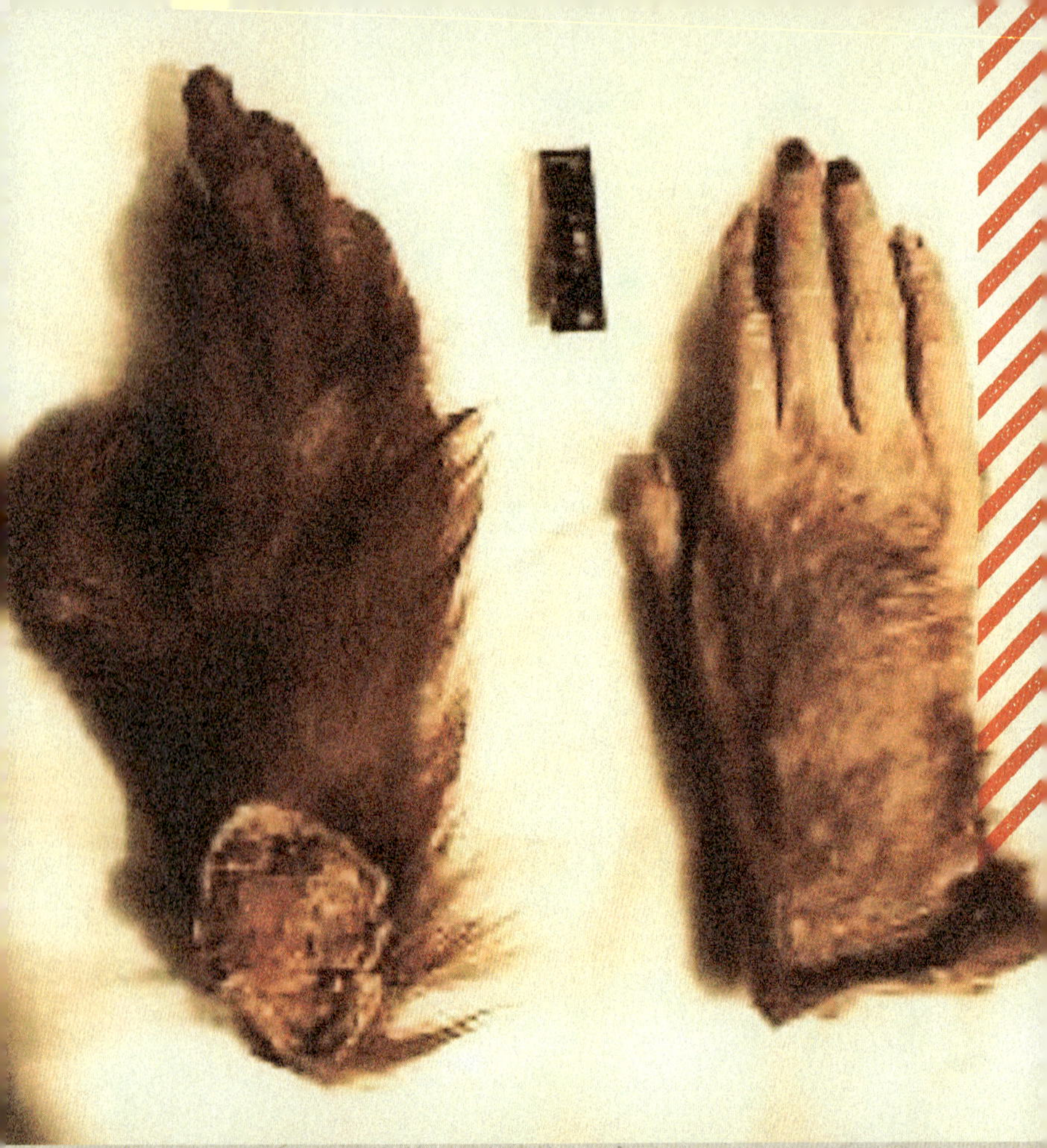

下右／2007年イエレン＝野人の目撃現場で発見された足跡をヒモで形づくったもの。下左／このときに採取された足跡の石膏型。

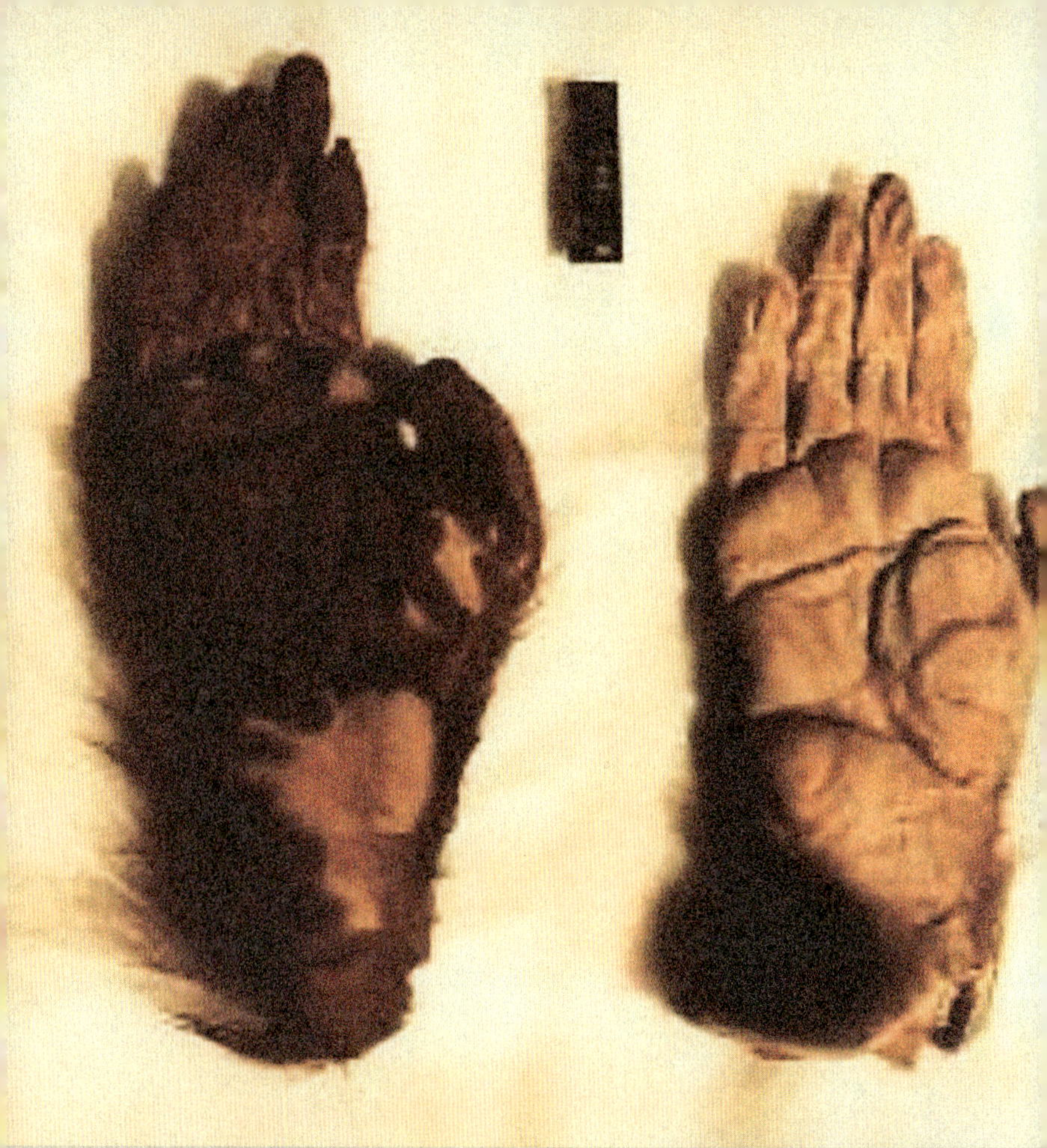

上右／上左／切り取られたイエレン＝野人の手。切断面が生々しい。明らかに人間のものではない。

右／イエレン＝野人の足跡について説明する中国の古人類学者、周《ジョウ》 国興《ゴウシン》博士。

ヒトの子を産んだ怪力獣人ザーナ

No.000017

ロシア南西部のコーカサス山脈とその周辺の標高2400〜3600メートルの山地には、直立二足歩行する獣人アルマスの目撃報告が数多く残されている。そのなかに、1850年代に全身が赤褐色の体毛で覆われた身長1・9メートルのメスの獣人がいた。旧グルジア（現ジョージア）とロシアの間のコーカサス山脈で捕獲され、ザーナ（ザーナはジョージア語で黒という意味）と名づけられて、アブハジア自治共和国のトキナ村で暮らしたという記録がある。

オックスフォード大学の科学者で遺伝子人類学の権威ブライアン・サイクス教授の調査によれば、ザーナは平らな額に赤い目、体毛に覆われた長く力強い腕を持ち、50キロの穀物袋を片手で運び、走っては馬を追い抜かし、高潮のときでも川を泳いで渡ったという。

そのザーナだが、地元の男たちをそそる魅力のある尻と豊かな乳房をもっていた。しかもザーナには、酒を飲むと淫らになる悪癖があった。結果、ザーナはふたりの男の子とふたりの女の子を産んだ。息子のクイットもトキナ村で暮らし、70歳になる直前に亡くなった。彼も大柄で身長は1・9メートル。母親と同じく灰色味を帯びた肌をしており、カールした髪の毛をしていた。唇も、同様に分厚かったようだ。

獣人研究家たちはザーナがアルマス、もしくはイエティの同類と考えているが、1890年に死んでしまい、写真も残されていない。しかし、獣人の調査を長年続けているロシアのイゴール・ブルツェフが、トキナ村で、ザーナと息子が埋葬されている墓地を発掘。息子クイットの頭蓋骨を見つけている。

2015年4月には、ブライアン・サイクス教授がザーナの血を受け継ぐ子孫6人の唾液とクイットの歯のDNAテストを行い、ザーナのルーツについての研究も進んでいる。それによると、ザーナはイエティやアルマスのような「未知の人類」の近縁種に属している可能性もあるという。

ザーナの似顔絵。
その正体は未知の
人類なのか？

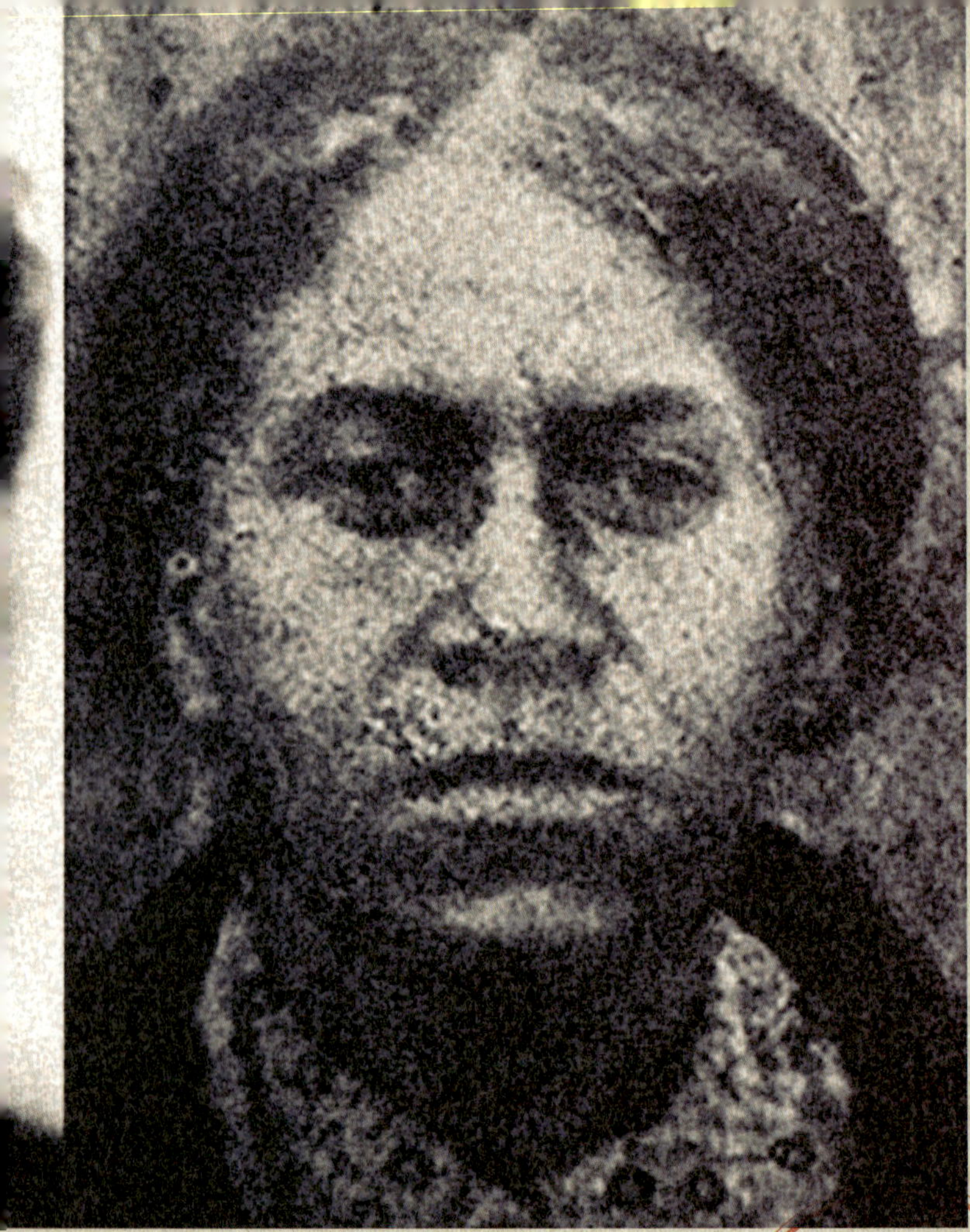

上／ザーナの息子のクイット（左）と孫娘（右）。

下右／獣人の研究を長年にわたって続けている、イゴール・ブルツェフ。
下左／クイットの頭蓋骨とされている写真。

イエティと格闘したノルウェー探検隊

No.000018

1948年6月6日、ノルウェーのアーゲ・トールベルグとヤン・フロスティス探検隊は、ウラン鉱調査のため、ヒマラヤのカンチェンジュンガ山地のグリーン湖の畔にキャンプを張っていた。激しい吹雪が明けた朝のこと。キャンプ周辺の雪原を、何者かが歩いた足跡を隊員が発見した。それは人間によく似た動物の裸足の足跡で、2匹で歩いているように見えた。足跡を見たトールベルグとフロスティスは、イエティに違いないと思った。そして目的をイエティ探索に切り替え、生け捕りにすることにしたのである。

だが、午後から天候が急変し、吹雪が3日3晩続いたため、何の収穫も得られなかった。ようやく快晴に恵まれた6月9日の朝、外に出た隊員のひとりが驚いた。3日前と同じ足跡が、雪上に刻みつけられていたからである。探検隊はスキーをはいて、足跡が刻まれた斜面を追った。やがて双眼鏡を覗いていた隊員が遥か彼方に、かすかに揺れる黒いふたつの点を見つけた。

肉眼で見える地点まで接近すると、それは二足で直立し、黒い体毛で覆われた人間並みの大きさの獣人だった。一行に気づいた獣人は腰をかがめて両手をつき、鋭い牙をむいて唸り声をあげながら威嚇《いかく》してくる。フロスティスが銃を構えると、トールベルグが慌てて押しとどめた。生け捕りにしようと考えたのだ。

トールベルグは用心深く獣に近づき、投げ縄を1体に向かって投げた。

だが、獣人は目にも止まらぬ速さで縄をつかむと、強く引っ張った。その衝撃で、トールベルグは転倒してしまう。それを見てひるんだフロスティスに、もう1体が襲いかかった。他の隊員はなすすべもない。

そして、もう1体がトールベルグに飛びかかった瞬間、彼は銃で獣人を撃った。獣人は無気味な声をあげながら、もう1体とともに走り去っていった。肩を切り裂かれて血だらけのフロスティスら一行はキャンプにもどり、やむをえず山を降りることになったのだ。

上／イエティを生け捕りにしようとしたフロスティスたちだったが、思わぬ反撃にあい、苦戦をする（イラスト=久保田晃司）。下／フロスティスらがイエティと遭遇し、格闘したヒマラヤのカンチェンジュンガ（Author=Siegmund Stiehler）。

1951年11月、エベレスト登頂を目指していたイギリスのエリック・シプトン率いる登山隊が発見した雪原の足跡。

右上／シプトン隊が発見したイエティの足跡は、長さ約32センチ、幅約20センチもあった。右下／こちらもイエティのものと思われる足跡。ピッケルと比べれば、その大きさがわかるだろう。

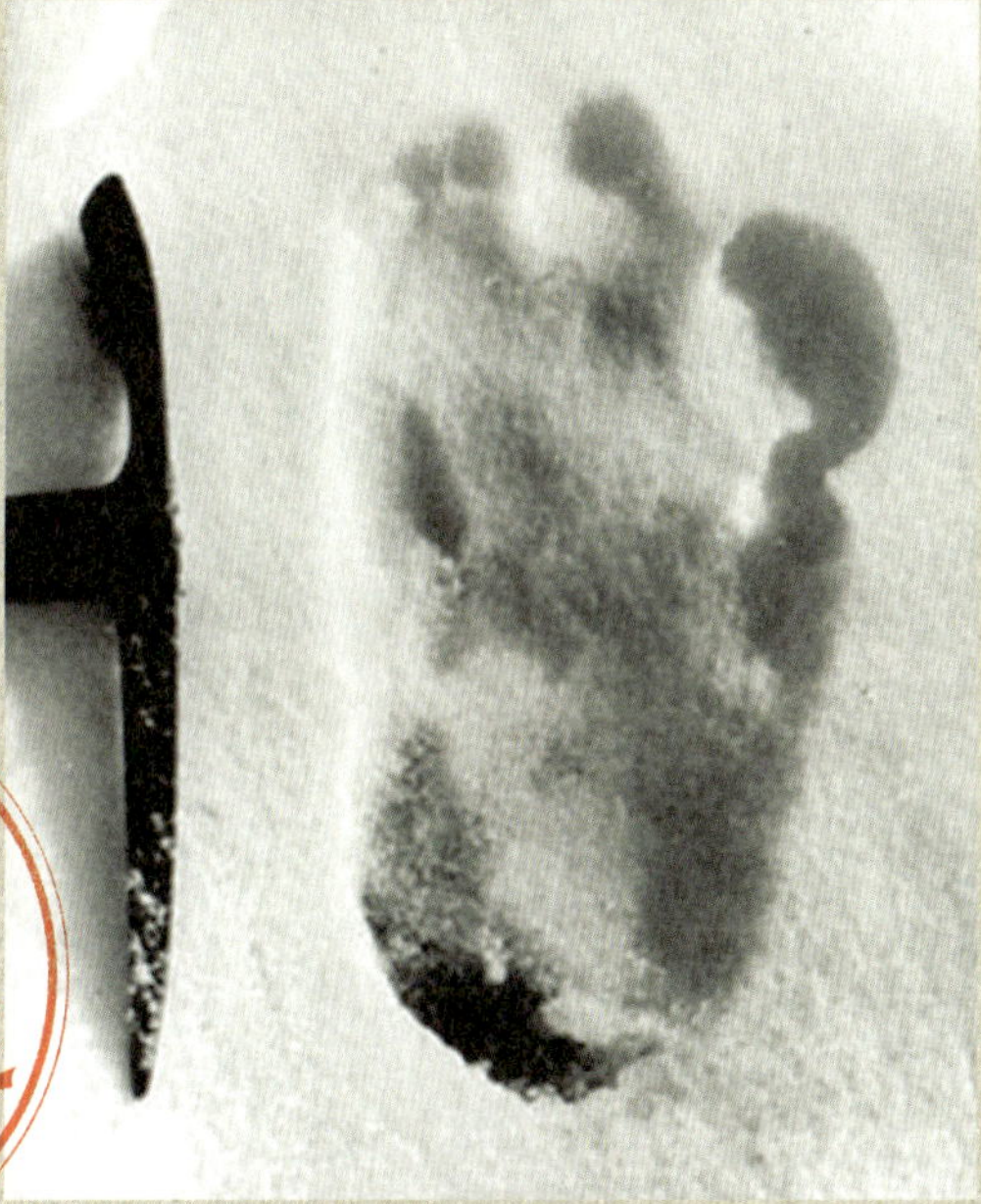

認定
AUTHORIZATION

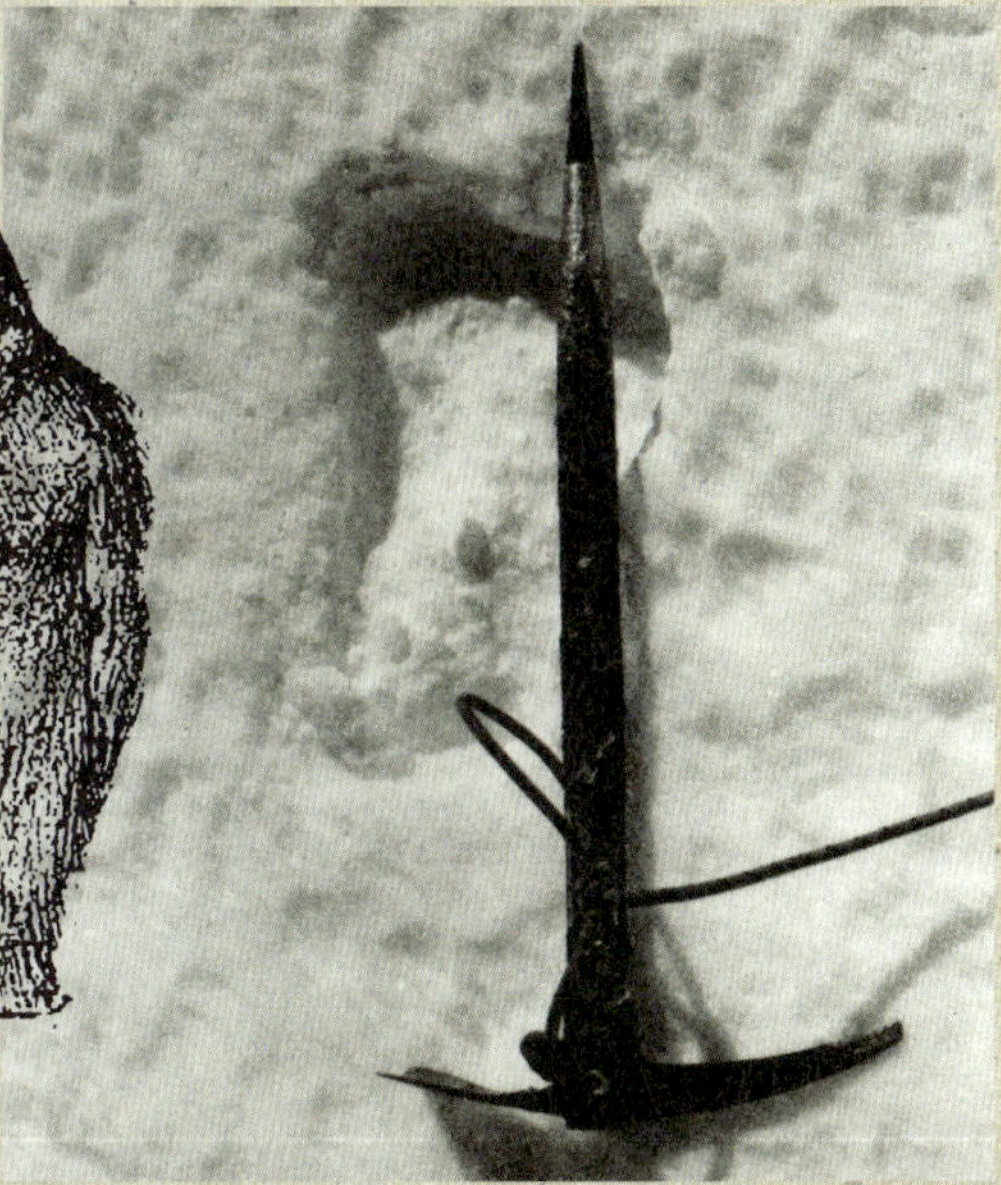

上／数々の目撃談から推測されるイエティの想像イラスト。

イエティとの銃撃戦事件

No.000019

イエティと格闘したという話はほかにもある。作家の沼田茂さんが、イギリスの登山家マイク・フリントの手記を紹介している。それは彼らが、英国山岳会の協賛の下に5名の登山家を組織してエベレストに挑戦したときのことだった。

現場は、ヒマラヤのナグパ・ラ・パス。高地とはいえ温暖な地域で、フリント探検隊がその村で休養中に事件は起こった。沐浴を終えたネパールの娘たち10人が夕暮迫った林道をおしゃべりしながら歩いていたとき、一緒にいたニイマという娘が村の入口で消えてしまったのだ。

「神隠しか？　失踪か？」と、村中が騒然となった。だが、シェルパがフリント探検隊が村に来る途中で乗り捨ててきたジープを取りに行った帰り道に、偶然にも雪の中で息絶えているニイマを発見した。

ニイマが姿を消してから、ジープに乗ったシェルパが彼女を発見するまで、わずか5分ほどしかたっていなかった。だが、ニイマが発見されたのは、村から2キロも離れた場所だったのだ。短時間の間に、ニイマはものすごい速さでその場所まで行ったことになる。おそらく、ニイマはイエティに襲われて、そこまで運ばれたのだろうとシェルパは思った。

事件後、フリント一行はエベレスト山頂を目指し、ナンダ・ナング・カングという3つの高峰を登っていった。そのとき、氷穴の中から突然、毛むくじゃらのイエティが姿を現し、隊員に襲いかかったのだ。

隊員は山刀でイエティと格闘した。フリントは銃でイエティを狙い撃ちしたが、弾は当たらなかった。ところがイエティは銃声に驚いたのか、隊員を雪の上に放りだし、逃げた。フリントは銃を撃ちつづけたが、イエティは銃弾をかわし、氷穴の中に消えてしまったという。

血だらけの隊員を背負って、一行は山を降りた。フリントが見たイエティは、大きさが人間の倍はあり、体全体が黒い毛で覆われていた。顔は黒かったが、目鼻立ちは整っていたという。

イエティと格闘するフリントたち一行の再現イラスト（イラスト＝久保田晃司）。下／いわゆる「ヒマラヤの雪男」＝イエティの想像イラスト。

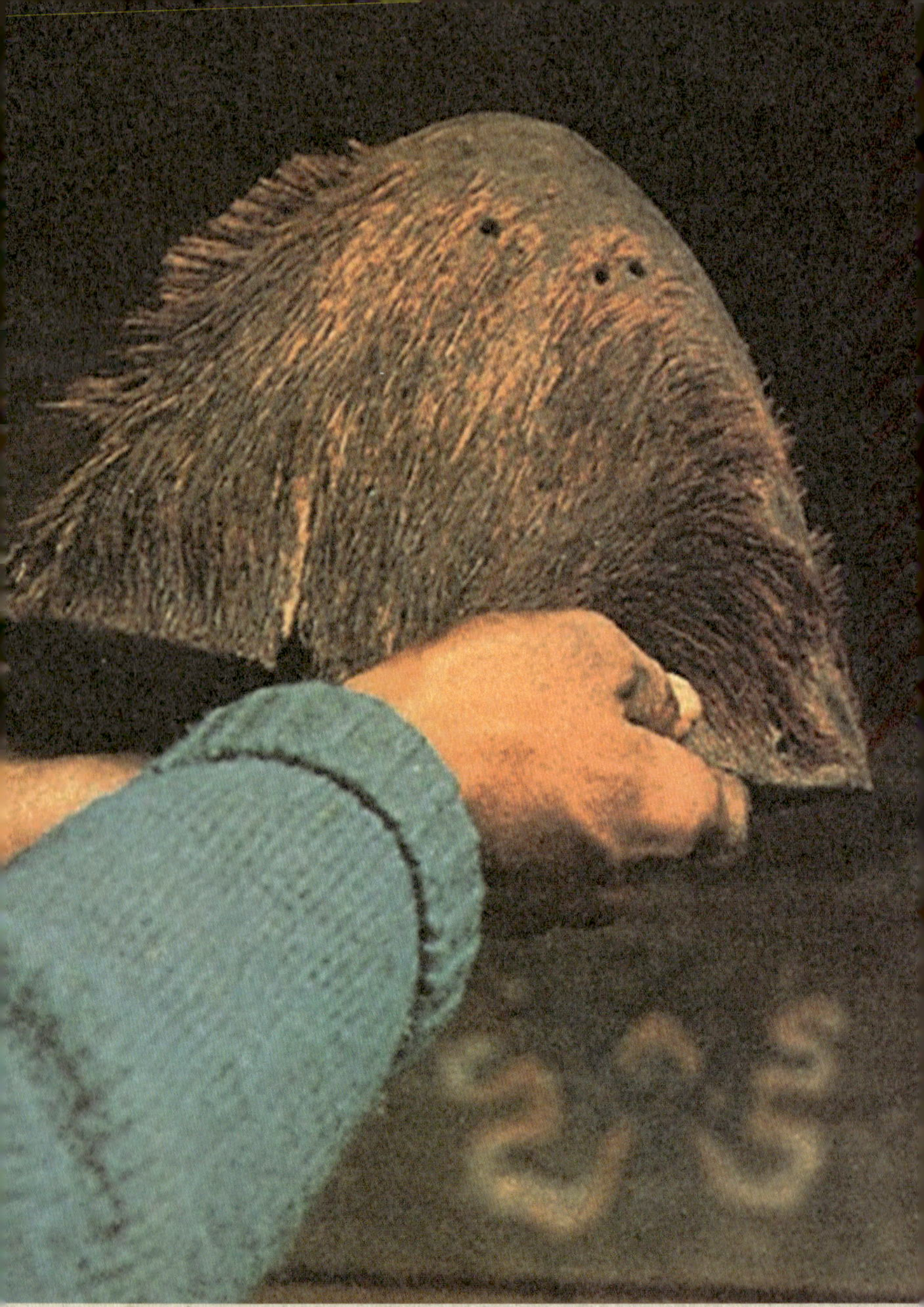

上／ヒマラヤの寺院に保管されている、イエティの頭皮とされる毛皮。

上／同じ寺院に保管されているイエティの手の骨。そのサイズから、子供のものだといわれている。

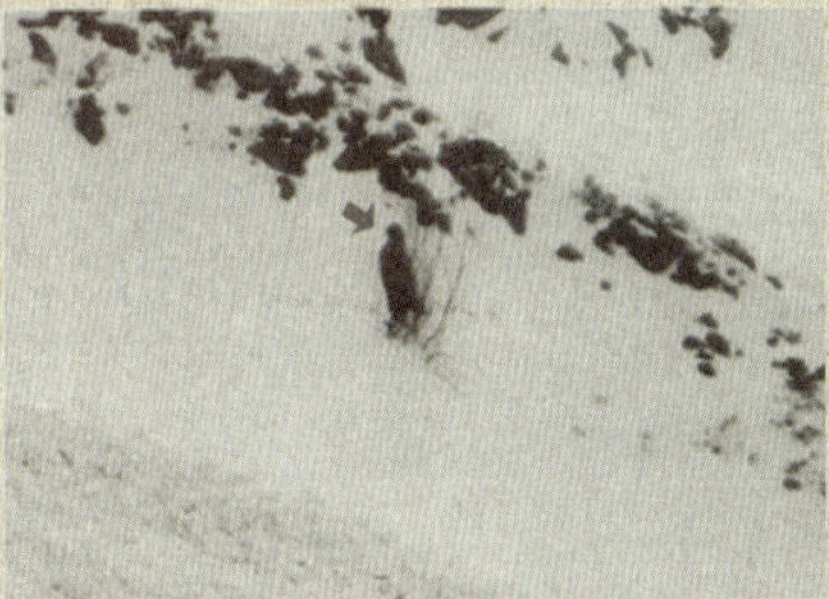

上／1986年にアンソニー・ウールドリッジが撮影した、世界最初といわれるイエティの写真。上右／ウールドリッジの写真のイエティをイラスト化したもの。ただし、この写真については「岩」だったという説もある。

広島に現れた謎の獣人ヒバゴン

No.000020

1970年7月、広島県比婆《ひば》郡西城町（現庄原市西城町）にある比婆山一帯の山間部に獣人が出没した！

初めて目撃されたのは西城町油木地区。7月20日午後8時すぎ、農業・丸崎安孝さん（当時31歳）が、軽トラックで中国電力六の原ダム付近を走行中、ゴリラに似た怪物が横切り、林の中に消えていった。

3日後の23日午前5時30分すぎには、同ダム近くに住む農業・今藤実さん（当時43歳）が畑で草刈り中、目の前に「ドスン」という音を立てて獣人が現れた。背丈は人間の大人くらいで、全身が黒い毛で覆われ、頭部が異様に大きく、顔は人間に似ていたという。その後、このダムを中心に3キロ四方で獣人の目撃が続き、12月には雪原に長さ21センチ、幅22センチの足跡も発見され、町役場は「類人猿対策委員会」を設立。生息地とされる比婆山の名をとって、「ヒバゴン」と名づけられたのだ。

翌1971年、72年、73年と、ヒバゴンは夏になると町でも目撃され、1974年にはついに写真が撮られた。8月15日午前8時すぎ、比和町に住む三谷美登さん（当時41歳）が庄原市庄原市濁川町の県道を車で走行中、柿の木に飛びついたヒバゴンの撮影に成功したのだ。だが10月11日、同町の県道で目撃された後、ヒバゴンは姿を消し、次の目撃は6年後の1980年10月20日、福山市山野町に姿を現した。同日午前6時40分ごろ、トラックで帰宅中の柴田清司さん（当時39歳）が、全身灰褐色の毛で覆われ、ゴリラに似た怪物と遭遇。約1分間対峙した後、それは山中に姿を消してしまった。

その後は1982年5月9日に同県三原市久井町で目撃されて以降、獣人の目撃は完全に途絶えてしまう。

2004年、当時の騒動をモチーフにした小説や映画が発表され、ヒバゴンは再び注目を浴びたが、近年の新しい情報は皆無で、比婆山も開発などによる造成工事ですっかり変貌してしまっている。

はたしてヒバゴンは、今もどこかに隠れ棲んでいるのだろうか……。

上／写真撮影されたヒバゴン。だがその後、ヒバゴンの目撃はぷっつりと途絶えてしまった。右／ヒバゴンの足跡。左／目撃者によるヒバゴンのスケッチ。まさに獣人そのものだ。

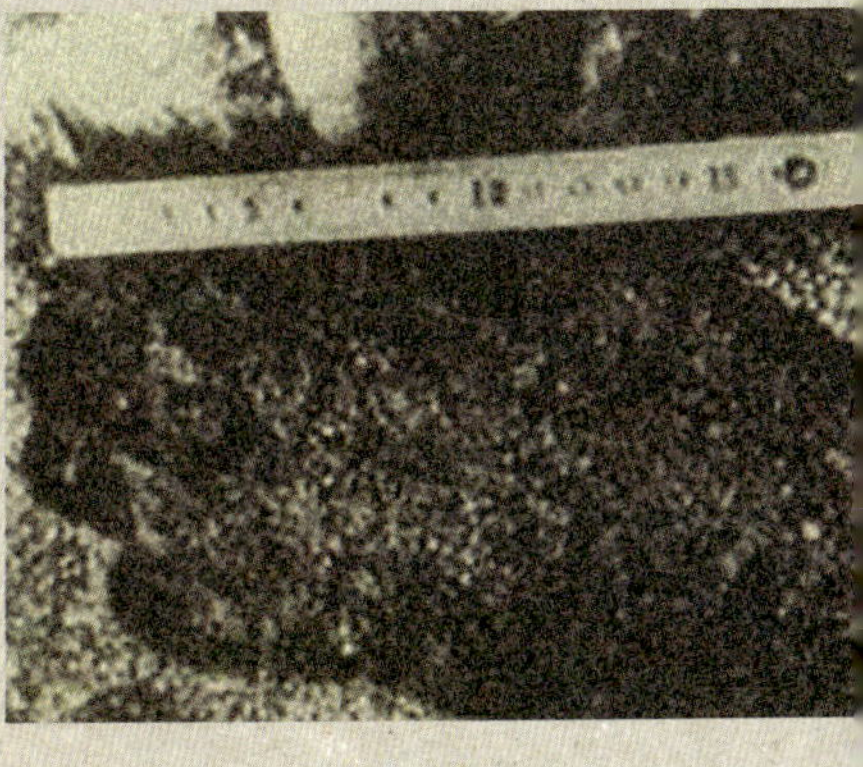

マレーシアに潜む巨大獣人オラン・ダラム

No.000021

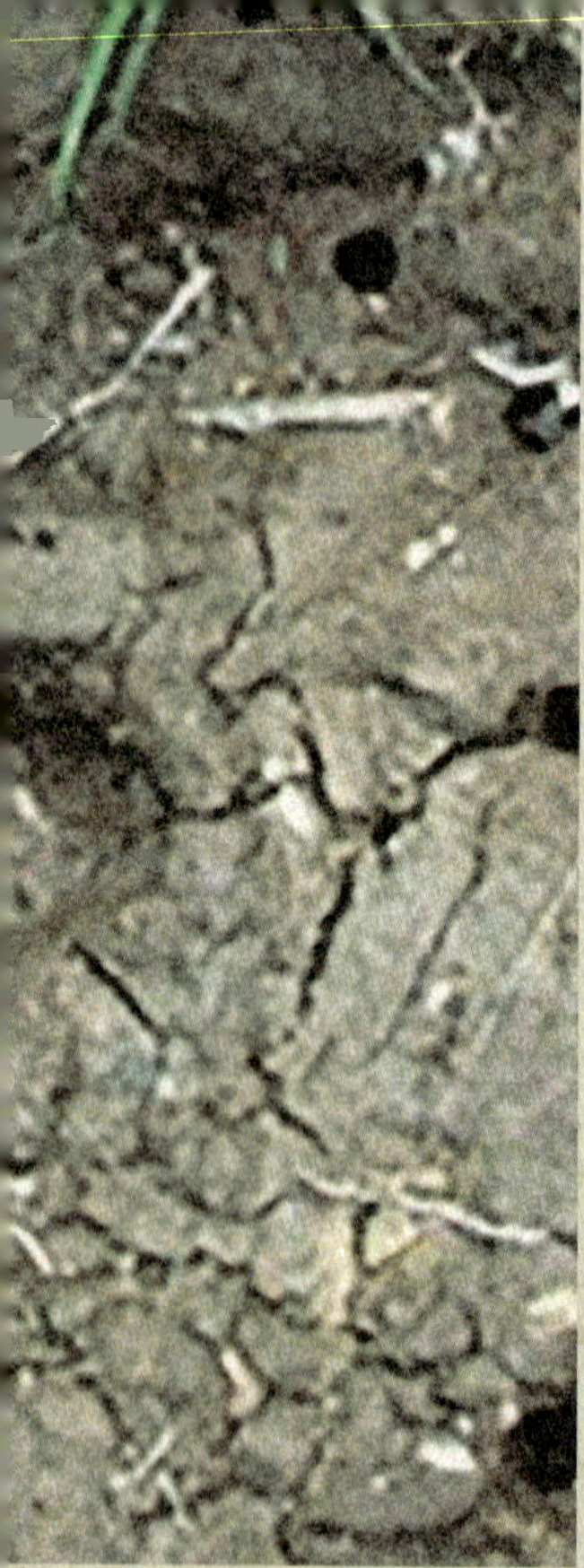

マレーシア南部のジョホール州にある広大な熱帯雨林には、巨大獣人オラン・ダラムをはじめ、謎の獣人が生息しているという。

2005年11月のことだ。「体長3メートルはあった!」と証言される、巨大な獣人が労働者たちの前に姿を現した。彼らの証言とスケッチは世界中に発信され、一躍その存在が注目されるようになる。獣人は、泥の中に40～50センチもの巨大な足跡を残していった。

その後も巨大獣人の目撃は続き、2007年1月29日、コタ・ティンギーでは、遠距離通信タワーの警備員が車内で休憩中、高さ2・4メートルのフェンスをはるかに超える巨大な獣人が立っているのを目撃している。体長は3～3・6メートル。全身を黒い獣毛で覆われた獣人は、「ズー、ズー」という吐息を発していたという。その2日後の1月31日夜には、この現場から2キロ先にある農場で行方不明になったヒツジを捜していたふたりの若者が、地面にしゃがみこんでいる獣人と遭遇。距離は約3メートル。しゃがみこんでいるのに背の高さは約1・8メートルもあり、顔はサルのようだった。松明《たいまつ》に照らされた目が赤くギラついていた。今にも襲ってきそうな怪物を見たふたりは、恐怖で一目散に逃げ帰ったという。

ちなみに、マレーシアの獣人は目撃情報から3種に大別される。まずは巨人種のオラン・ダラムで、平均体長3・6メートル、推定体重

350キロ。容姿は人間に近く、主食は魚だとされている。この他に体長2・1～2・4メートルの「ハンツー・セマウ」「タンツー・マウス」と呼ばれる全身多毛型UMAがいるが、起源も生態もまったく謎だ。さらに、体長1・2メートルと小型で全身多毛のUMAもいるという。

2008年1月には、アメリカ、ロサンゼルスのテレビ局の取材チームが現地入りし、森の中で10個以上の巨大な足跡を発見したが、獣人を発見することはできなかった。

上／2007年に発見された巨大な足跡。マレーシアの獣人は、基本的に大型である。

ム認定
AUTHORIZATION

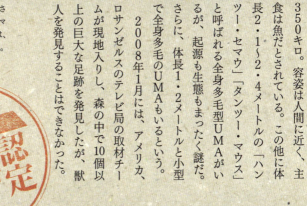

左／2005年11月に出現した獣人、オラン・ダラムのスケッチを描く目撃者。下／彼が描いたスケッチ。かなりの大きさだったという。

認定
AUTHORIZATION

上／2006年に見つかった、獣人のものと思われる巨大な足跡。中／2008年1月に、獣人オラン・ダラム調査のため、マレーシアに入ったアメリカのテレビ局の取材チーム。下／テレビ局の取材チームが発見した巨大な足跡の石膏型。

インドに棲息する獣人マンデ・ブルング

No.000022

「イエティか？　インド奥地に謎の巨大獣人が現れた！」

2007年6月、インド北東部のメガヤラ州のジャングル奥地にイエティに似た謎の獣人が出現し、多数の村人たちに目撃されたとメディアが報じた！　さらに、地方自治体が調査に乗りだしたことで、騒ぎは大きくなる。現場は、バングラデシュやブータンとの国境に近い同州のガロ丘陵地帯。住民たちは、この謎の獣人を「マンデ・ブルング（ジャングル男）」と呼んでいる。

マンデ・ブルングの目撃はかなり以前からあったが、同年5月から6月にかけて一気に急増。

6月9日、同州の州都シロンから

ム一認定
AUTHORIZATION

350キロ離れたロンセグレ村で農業を営むワレン・サンマーが獣人の家族と遭遇。獣人は、ふさふさした茶褐色の毛で全身を覆われ、あのイエティ(雪男)そっくりだった。頭部もイエティに似て、帽子を被っているような形だったという。

サンマーが目撃したマンデ・ブルングは、成人と見られる大柄な2体、子供らしき小柄な2体。その獣人一家とサンマーの距離は30〜40メートル。彼らはサンマーの気配に気づいたのか、スーッと藪の中に消えていったという。なお同村には、過去にメスの獣人に誘拐されて母乳を飲まされた者もいるそうだ。

この目撃談を受け、西ガロ丘陵地区の行政官サム・ファット・クマールは、野生生物の専門家チームを組んで獣人の実態調査を行う計画を公表。また、ガロ丘陵のアチク旅行協会では、過去10年にわたって獣人の調査を続けており、多数の目撃証言や足跡のサンプル、体毛を収集している。同協会は目撃者の証言を総合し、マンデ・ブルングはヒマラヤのイエティと同種と見ているという。

イエティが生息するヒマラヤ山脈は、ブータン、ネパール、インド、パキスタン、中国を含む広大な地だ。したがって、インドにイエティが出現しても不思議ではない。目撃スケッチを見ても、獣人マンデ・ブルングは、イエティによく似ている。

右/マンデ・ブルングの目撃スケッチ。現地では、かなり前から多数の目撃報告が寄せられていたという。下/ヒマラヤのイエティのスケッチ。比べてみると、マンデ・ブルングときわめてよく似ている。

ビッグフットの肉を食べた男

No.000023

2016年12月、切断されたビッグフットの手足や心臓などの臓器、さらにはペニスなどの部位が動画で次々と公開され、UMAの研究者たちに衝撃をもたらした。手足には骨や筋肉らしきものも露出していて、いかにも「本物らしく」見える。もちろん「精巧に作られた偽物だ」という批判も一方ではあり、一時は侃々諤々《がんがんがくがく》状態になった。

動画を公開したのは、アメリカのニューヨーク州でドッグトレーナーを生業とするかたわら、ビッグフットや異星人研究家としても活動するピーター・ケイン（当時55歳）。

彼が語るには、遡《さかのぼ》ること1953年9月23日の早朝、鴨狩りに出かけた父親が森で偶然、ビッグフットと遭遇して射殺。父親は遺体を動物園へ売りつけるために持ち帰ろうとしたが、あまりの重さに断念。部位ごとに切断し、ひとつひとつ丁寧に包むと、自宅の冷凍庫で保存していたのだという。

60年以上も保存されていたそれをケインは公開したわけだが、なんと2017年12月には、ついに頭部までも動画で公開するに至った。

重さは約54キロ！　顔の長さは約71センチ、横幅は約46センチもある。ここから推測するに、体長は3メートルを超える個体だったのではないだろうか？

また、顔立ちは類人猿というよ

左／ビッグフットの遺体を映像で公開したピーター・ケイン。右の巨大な肉塊がビッグフットの頭部。

りは人間に近い感じに見てとれる。
頭部の切断部分も映されているが、太い骨や血管等が生々しく露出しており、かなりグロテスクだ。目につく太いチューブのような管は、ビッグフットの食道だそうだ。太さ約9センチと、人間の3倍以上もある。
ケインは映像で、切り落としたビッグフットの足の肉片をフライパンで焼き、食べるという衝撃的な行動をとっているが、60年以上たっただけに、腐敗臭がキツイらしい。
ちなみに、公開された遺体の各部位に対する「フェイク説」に対して、ケインは「本物だ!」と、強く主張している。ただし、肝心のDNA鑑定を実施する気は毛頭ないそうで、彼に対する疑惑や批判は、ますます強まるばかりだ。

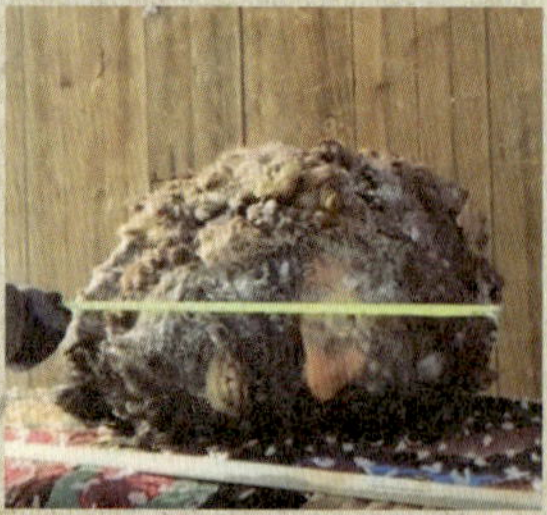

ム認定
AUTHORIZATION

右／頭部のサイズを計測。重さ約54キロ、顔の長さ約71センチ、横幅約46センチもある。

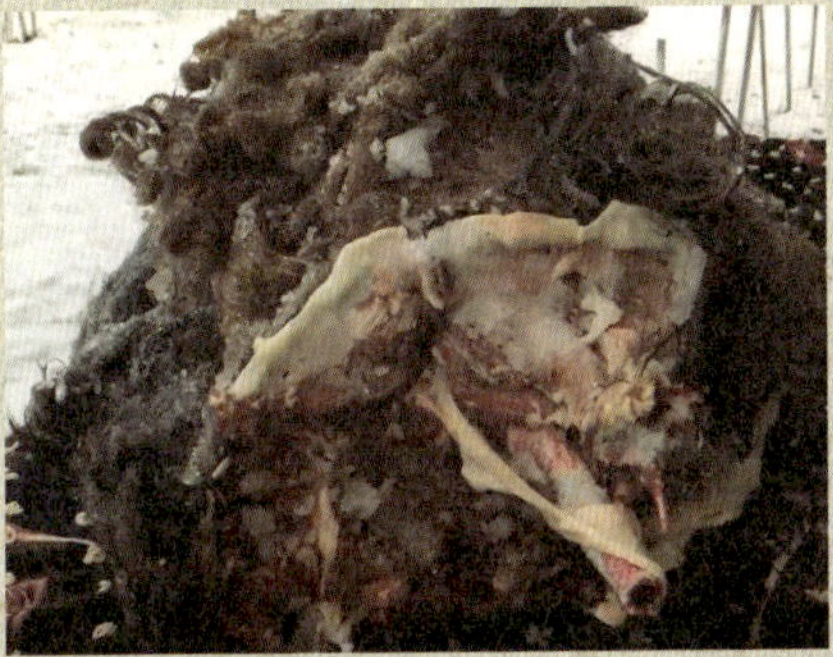

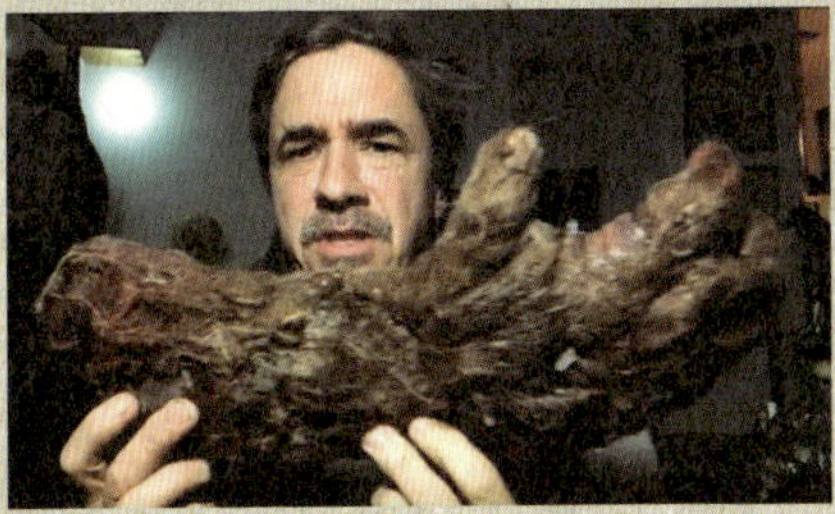

上／ビッグフットの足と、そこから切り取った肉片を持つピーター・ケイン。左上から／ビッグフットの頭部の切り口。突き出た管は、食道だという。／保存されたビッグフットの心臓。かなりの大きさであることがわかる。／足から切り取ったビッグフットの肉を、フライパンで焼いて食べるピーター・ケイン。かなりの臭みがあったという。／毛むくじゃらの右手。顔と比較すると、その大きさがよくわかるだろう。

上／ビッグフットの足跡石膏型を持つ、解剖学・人類学者ジェフリー・メルドラム博士。ビッグフット実在論者として知られている。

おそらくは世界でもっとも有名なビッグフットの写真。ロジャー・パターソンとロバート・ギムリンによって撮影された8ミリフィルムの一部だ。

右ページ右／撮影されたビッグフットの拡大写真。撮影者側に振り向きながら、立ち去って行く様子が鮮明に写っている。左／一連のフィルムを見ると、筋肉の動きが自然で、着ぐるみではこうした動きはできない。

スマトラ島の伝説の小人族

No.000024

上／インドネシアのスマトラ島北部バンダ・アチェの森林地帯で撮影された、「伝説の小人」の後ろ姿（右上）。

2017年3月22日、YouTubeにアップされた映像が大きな話題となった。インドネシアのスマトラ島北部バンダ・アチェの近くで撮影されたこの映像は、「伝説の小人」の姿を捉えたというのだ。

映像は4名のバイカーが、森林地帯を疾走するシーンから始まる。すると先頭を走っていたバイカーが何かに驚き、転倒。その直後、前方の茂みから長い棒を持った小人が飛びだしてくる。後を追ったものの、

ム認定
AUTHORIZATION

小人は素早い足取りで画面左手の茂みに姿を消してしまう。その後、バイカーたちはバイクを停めて茂みに分け入り、小人の姿を捜すが、高く伸びた草が生い茂り、発見できなかった。

小人の身長は約1メートル。手に身の丈ほどありそうな長い棒を持っている。臀部《でんぶ》が露《あら》わになっていることから、服は着ていないようだ。UMAでない先住民の可能性もあるが、この小人の正体について最有力なのが、かつてスマトラ島に存在したというマンテ族説だ。身長1メートルほどで筋肉質、狩りに長けていたといわれる。17世紀にふたりのマンテ族が捕らえられ、オスマン・トルコ帝国の皇帝（スルタン）に献上されたというが、人類学者の間では存在自体が疑問視されている。映像に映っていた小人がマンテ族だとすれば、学術的にも驚くべき重要な発見になる。

マンテ族説とリンクして、ホモ・フローレシエンシス説というのもある。2003年に考古学者たちがフローレス島で発掘し、そう名づけた身長約1メートル余りの「小さなホビットのような古代の原人」は、5000万年前に生息していたと考えられている。

2014年には同島中央部のソア盆地に位置するマタ・メンゲから顎骨の破片、6本の歯、頭蓋骨の小さな破片が見つかっており、2016年にハイテク機器で頭蓋骨を分析したフランス自然史博物館の科学者アントワーヌ・バルゾーらも、「ホモ・フローレシエンシスは、ホモ・サピエンスと異なる種だ」と主張している。もしかするとマンテ族は、ホモ・フローレシエンシスの末裔なのかもしれない。

認定
AUTHORIZATION

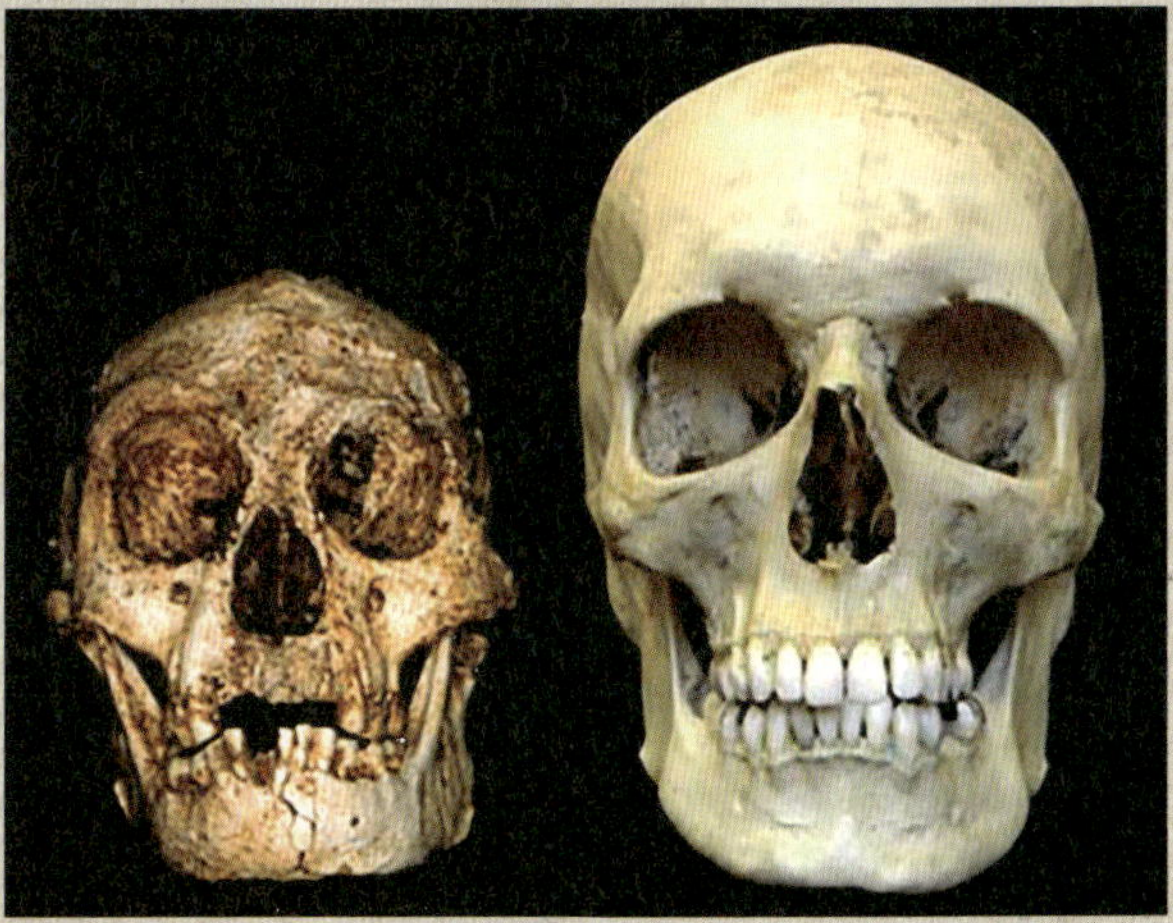

右ページ上／逃走する謎の「小人」の後ろ姿。かなりのスピードで逃げ去っていく。右ページ下／臀部《でんぶ》を見る限り、衣類などは身に着けていないようだ。上／茂みに消えた「小人」を捜すバイカーたち。だが、その姿を見つけることはできなかった。下／ホモ・フローレシエンシス（左）とヒト（右）の頭蓋骨の比較。明らかにサイズが異なっていることがわかる。

未確認生物はどこから現れるのか?

神出鬼没の出現パターンを探っていくと、なかにはどうしても地球上に存在しているとは思えないものがいる。

たとえば成層圏に出現する巨大な龍。あるいは洞窟の中を高速で飛びまわるスカイフィッシュ。そして空中を自在に浮遊する半透明の巨大なマンタ……。

当然のことながら、地球上のどこを見渡しても、彼らが生息できるような環境は見あたらない。だが、間違いなく、彼らはその場

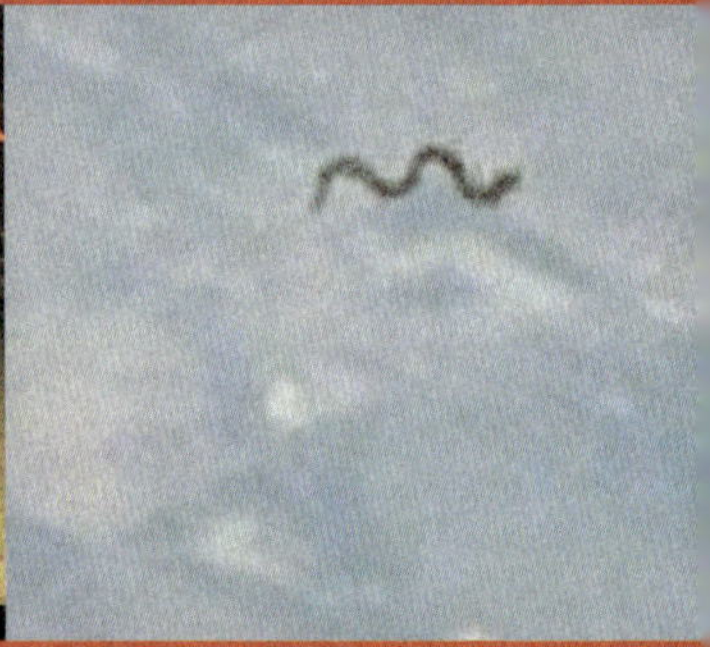

生物

所に出現しているのだ。

いったいこうした怪生物は、どこからやってきているのか。

考えられるのは、異次元だ。

もしかするとこの世界には、どこかにぽっかりと空いた「次元の穴」のようなものがあって、彼らはそこを通ってわれわれの世界に姿を現しているのかもしれない。

もちろん、その「次元の穴」が、いつ、どこで、どうやって開くのかはまったくわからないのだが……。

No.000025-No.000031

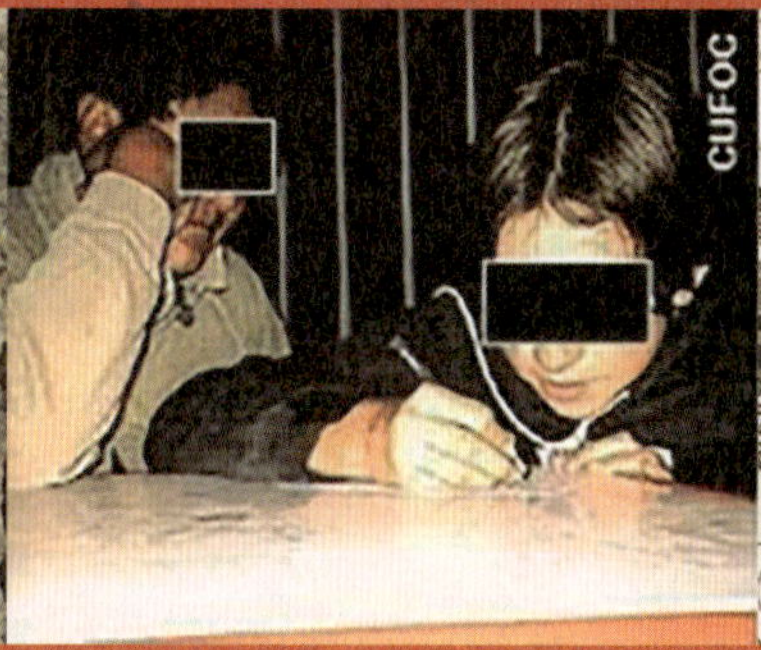

4章 異次元

古代から目撃されていたスカイフィッシュ

No.000025

左／1988年にメキシコ中部ゴロンドリナス洞窟で撮られた動画に映っていた典型的なスカイフィッシュ。

肉眼では見えないほど猛烈な速さで飛行する、謎の物体スカイフィッシュ――。1994年、アメリカ、ロサンゼルス在住の映像コーディネーター、ホセ・エスカミッラが、ある洞窟のビデオテープをスローモーションやコマ送りにしたとき、棒状の胴体にリボンのような被膜をはためかせて高速で飛ぶ物体＝スカイフィッシュが写っていることを発見したのである。

彼は、スカイフィッシュはかなり高度な知能を備えている可能性もあると指摘している。そのため、精霊のような存在か、あるいは異次元からやってきた未知の生命体だと考えることもできると主張した。

「空中ばかりか水中まで自由に行き来し、さらには空間移動までやすやすと行ってみせることは、確かだ」

上／1994年にスカイフィッシュの存在を「発見」したホセ・エスカミッラ。

エスカミッラはまた、スカイフィッシュは太古から地球に存在していたのだという。古代の岩絵やペトログラフに、スカイフィッシュを描いた絵があるというのだ。

アルゼンチンのサン・ジョルダンの遺跡でエスカミッラ自身が発見したものだが、1万年以上も昔に刻まれたと思われる岩絵には、確かに棒状の胴体にヒレのついた物体が複数描かれている。

「われわれが気づかなかっただけで、スカイフィッシュは人類とずっと共存していたのかもしれない」

と、エスカミッラは語る。

正体についてだが、アメリカ、コロラド州デンバー校生物学者ケネス・スワーツ教授は、古生代カンブリア紀（約5億5000万～5億年前）に棲息していた、学名「アノマロカリス」という魚類がルーツではないか、と主張している。

想像イラストを見ると、確かに体の側面に沿った羽のような部分を揺らして泳ぐ独特の姿が、スカイフィッシュを彷彿とさせる。

全体の形状はかなり異なっているが、スカイフィッシュは海で生まれた生物が進化し、空を飛べるようになったものなのかもしれない。

ム認定 AUTHORIZATION

右ページ／いずれもアルゼンチンの遺跡に描かれた、スカイフィッシュと思われる岩絵。当時の人々は、その姿を肉眼でとらえることができたのだろうか。上／アメリカのネバダ州グレイプキャニオンの岩絵には、5対羽のスカイフィッシュの姿が刻まれている。下／古生代カンブリア紀に生息していた、アノマロカリスの想像図。スカイフィッシュの祖先なのか？

人間を襲った六甲山のスカイフィッシュ

No.000026

スカイフィッシュは日本にも生息している。候補地のひとつが、兵庫県神戸市の六甲山中にある地獄谷だ。同地区の麓に住む音楽家の坂本廣志さんが、山中でしばしばスカイフィッシュと遭遇してきたというのである。

1962年9月、当時高校1年生だった坂本少年は、山中で水晶を捜していた。そのとき、先を歩いていた男性ふたり組のひとりが、ナタで切った竹をしならせながら振りまわしていたが、突然悲鳴をあげてその場にドサリと倒れこんだのだ。

驚いた坂本少年が駆け寄ると、男性の脇の下から足にかけて、3か所もの裂傷ができていた。太もも傷からは脂肪が見えていたが、不思議なことに出血はほとんどなかった。

男性は顔面蒼白でパニック状態だったが、ふと顔をあげた坂本さんは、空中でホバリングする怪物の群れに取り囲まれていることに気づく。数にして20匹以上、半透明で体長およそ50センチ、胴体を伸縮させながら、羽のようなものを羽ばたかせていた。

「襲われる！」――恐怖に駆られた坂本さんは夢中で竹を振りまわし、2体をたたき落とした。だが次の瞬間、「攻撃すれば自分も体をスッパリ切られてしまうのではないか？」という恐怖感に襲われた。申し訳ないことをした、許してくれ……そう何度も祈りながら謝罪していると、今にも襲いかかろうとして

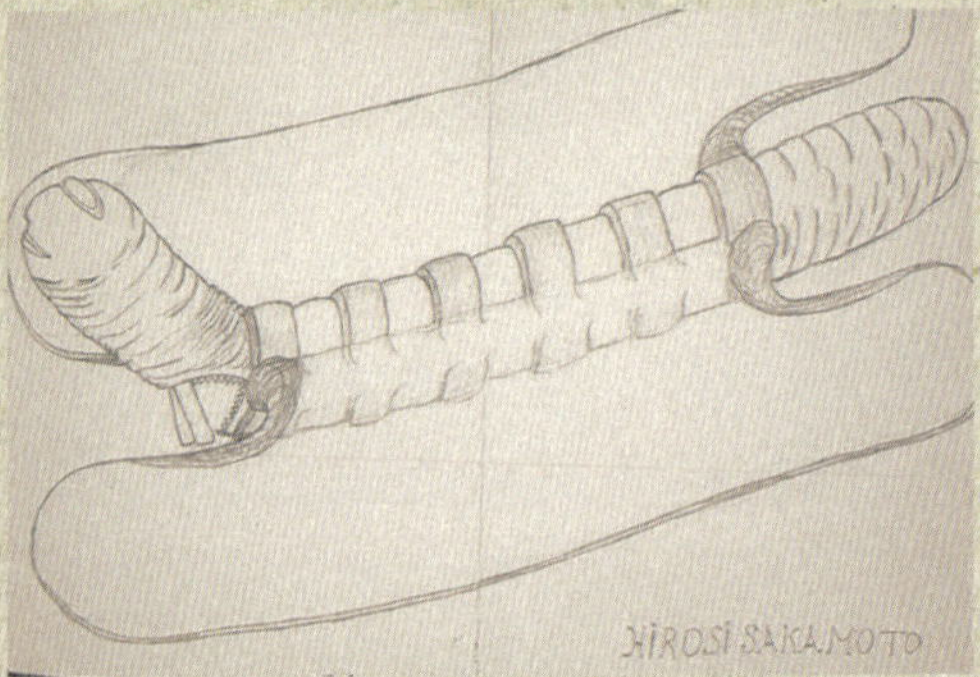

上／坂本さんが描いたスカイフィッシュのイメージイラスト。

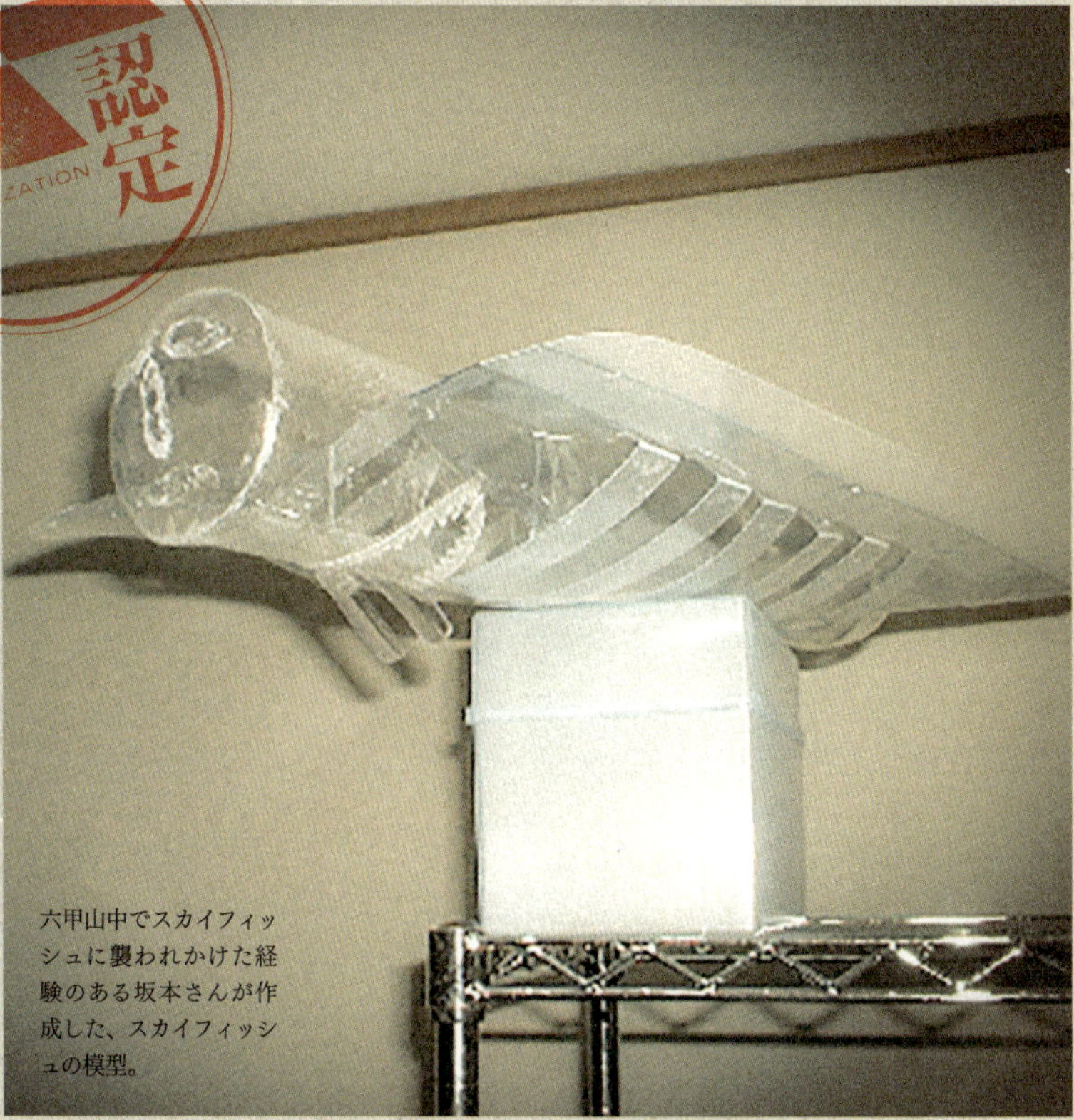

六甲山中でスカイフィッシュに襲われかけた経験のある坂本さんが作成した、スカイフィッシュの模型。

いた怪物たちが、目の前でピタリと停止。

「わざとやったのではない。許してやろう」という声が頭の中に聞こえたかと思うと、去っていったのだ。

地面に目をやると、たたき落とした2体が苦悶《くもん》していた。1体をかかえると目、鼻、口がついた顔があり、痛そうな表情を見せている。胴体の中ほどに大きな口があり、歯が2本のぞいていた。坂本さんは、冷たい湧き水をすくって2体にかけてから、その場をあとにした。1週間後、現場を訪れるとすでに姿はなかった。

その後、坂本さんは、山中を歩くたび、スカイフィッシュと何度も遭遇。やがて会話を交わすなど、親密な仲になっていったという。

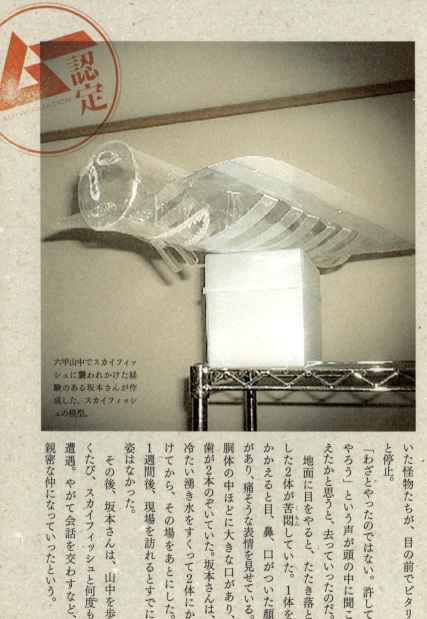

UFOから出現したエイリアン・アニマル

No.000027

1973年10月25日午後9時すぎ、アメリカ、ペンシルベニア州グリーンズバーグで、農場の上空に赤く輝く球形UFOが出現、丘に降りていく様子が住人に目撃された。

スティーブ・プラスキー（当時22歳）と少年ふたり（当時10歳）は、トラックで丘の上に着陸したUFOに接近。そこには直径30メートルほどのドーム型UFOが、芝刈り機のような音を立てながら白い光を放ち、周囲を明るく照らしていた。

見ると、農場のフェンス近くに暗い灰色の毛に覆われた2体の獣人が立っている。体長は2・4メートルと2・1メートルほど。緑がかった黄色い目、腕は地面に届くほど長く、赤子のような泣き声を発していた。あたりにはゴムが焼けるような臭気も漂っている。スティーブはライフルで獣人の頭上に、曳光《せんこう》弾《だん》を2発撃った。すると驚くべきことに、大きい獣人が右手を上げて弾を掴んだ。同時にUFOの発光が消えて騒音も止んだ。さらにスティーブは3発を撃ったが獣人はひるまなかったので、トラックで農場主の家に行き、警察に通報した。

午後9時45分ごろ、スティーブが警官と現場に戻ると、UFOが着陸していたあたりの地面が明るく輝いていた。そして森の中から再び獣人たちが現れたのだ。スティーブがライフルを撃つと獣人は一瞬たじろいだが、再び突進し、手前のフェンスに激突。彼らはパトカーに飛び乗り、その場から逃げた。

深夜午前1時30分ごろ、警官からの連絡で、グリーンズバーグに拠点を置くUFO研究グループがやってきた。スタン・ゴードンが指揮するこのグループは、警察やマスコミと連携してUFO調査を行っていた。

スタンらは、現場に残された巨大な三本指の足跡を石膏型に採取。1975年には、著名な透視能力者ピーター・フルコスが、この石膏型を透視。「大気圏の外、地球外の生物のものだ」と断言している。獣人の正体は、UFOが連れてきたエイリアン・アニマルなのだろうか。

認定
AUTHORIZATION

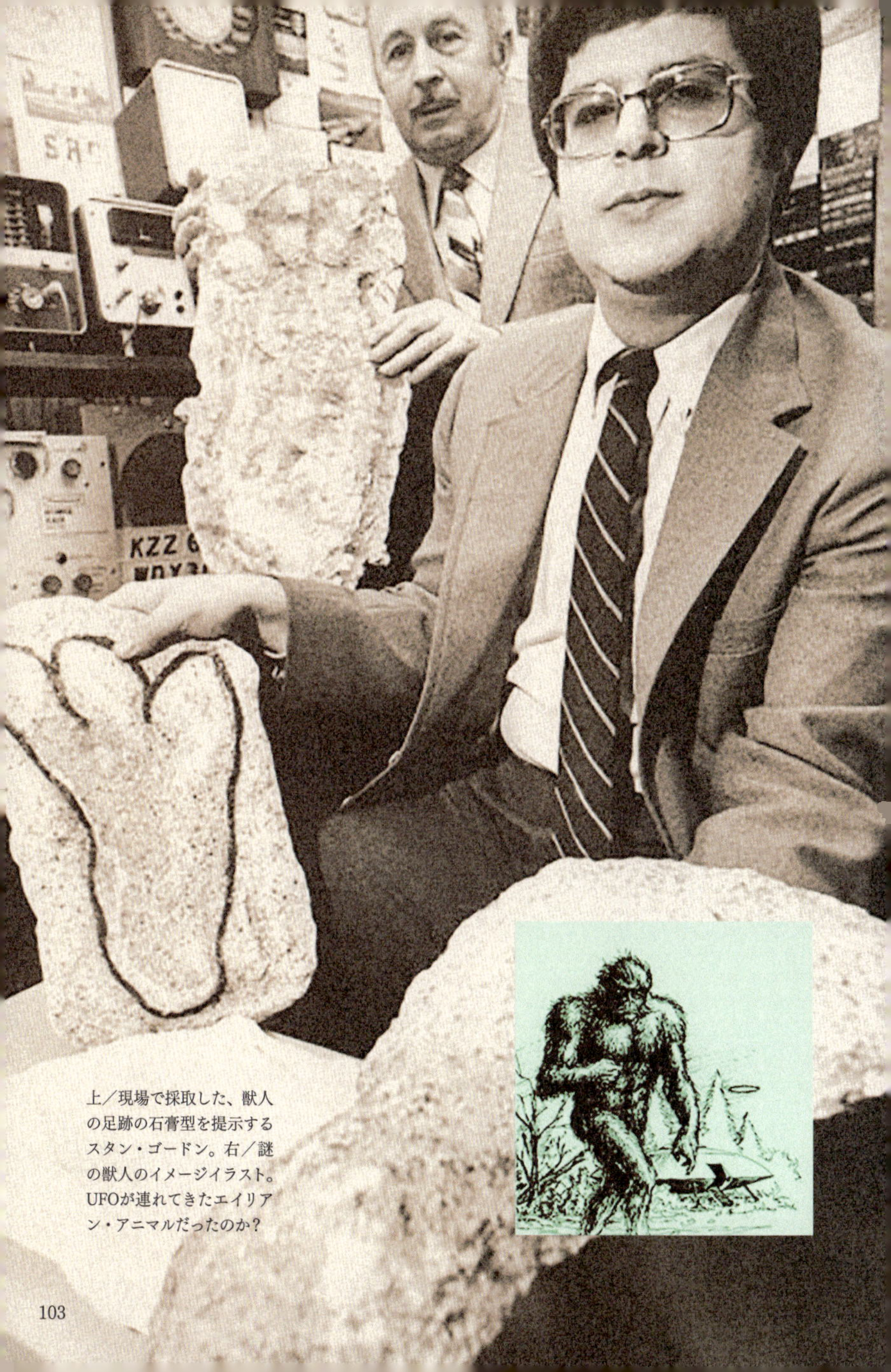

上／現場で採取した、獣人の足跡の石膏型を提示するスタン・ゴードン。右／謎の獣人のイメージイラスト。UFOが連れてきたエイリアン・アニマルだったのか？

成層圏に出現した伝説の龍

No.000028

ＮＡＳＡ＝米航空宇宙局は、膨大な数の画像をホームページなどで公開してきたが、そのなかの1枚に高空に浮かぶ「超巨大な生物」が写りこんでいたことがわかった。ＮＡＳＡの「ＳＴＳ－105ミッション」により、2001年8月10日に打ちあげられたスペースシャトル、ディスカバリーが撮った画像だ。

ディスカバリーが地球軌道を周回中の翌11日、ちょうどアメリカ、テキサス上空にさしかかったときのものだ。画像の存在が発覚したのは2013年3月。「龍＝ドラゴンが写っている！」というふれこみで、YouTubeにアップされるや、たちまち注目されたのだ。拡大画像には、中央に身をくねらせた巨大なウナギのような物体が写っている。

もちろん、本物の龍なのかどうかはわからない。だが、成層圏を棲み家とする未知の巨大生物が存在するという可能性を示す、貴重な1枚であることは間違いない。

興味深いことに、中国東部の江西省・撫州《フーヂョウ》でも、やはり龍らしき物体が目撃され、写真にも撮影されている。

2012年1月30日の朝、地元に住む官木林《グアン・ムーリン》さんが車で帰宅途中、大勢の人たちが空の一角を見上げて騒いでいるのを見た。車を止めて空に目をやると、雲の中に、龍そっくりの生き物がいるではないか。官さんは携帯電話でその姿を撮影した。するとその後、龍は姿を消してしまったという。

「空を泳ぐ2頭の龍、あるいは1頭の龍の頭と尾が雲からはみ出ていたのかもしれません」

と、官さんは語っている。

一般に龍は架空の生き物とされるが、そうともいい切れない。近年ではメキシコを中心に、空中を飛行する龍、「ヘビ型ＵＭＡ＝スカイサーペント」の目撃談が多くあるからだ。これはフライングワーム、スペースワームなどとも呼ばれている。したがってディスカバリーが撮った怪生物も、高空に生息する龍もしくはスペースワームなのかもしれない。

ム認定
AUTHORIZATION

上／中国で撮影された「龍」の写真。かなりリアルな姿であることがわかる。下右／アメリカのスペースシャトルが撮影した成層圏の「龍」。下左／スペースシャトルの「龍」を拡大し、着色したもの。

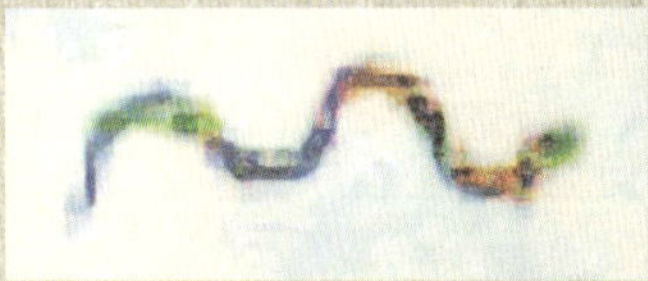

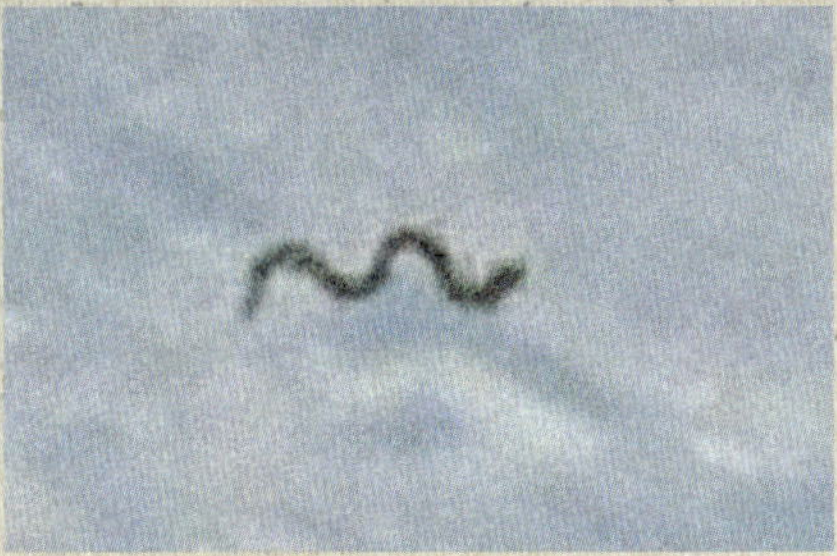

テレパシーで意思を伝える謎のモンスター

No.000029

南米チリ北部のカラマ地区で、テレパシーで目撃者に意思を伝えるというモンスターが出現した。

2002年1月12日午後11時45分すぎのことだ。サン・ラファエル村に住むジーン少年が、逃げだしたペットのヘビを友人のネルソンと捜しに外に出た。その30分前には、2匹の飼いイヌが何かを恐れるように唸り声をあげていたが、気にせずにふたりは野原に出て行った。

と、そのときだ。30メートルほど前方に野犬らしき動物がいた。ふたりは石を投げて追い払おうとしたが、ひるまないどころか、ウサギが跳ねるように近づいてくると、後ろ足で立ちあがったのである。その瞬間、胃の中が電気でしびれたかのようなピリピリ感を覚えた。

このとき彼らは、この動物が奇妙な姿形をしていることに気づいた。まるでラグビーボールから手足が突きでたような姿なのだ。恐ろしくなったジーンは後ずさりをしたが、好奇心旺盛なネルソンは、勇気を出して動物に近づいていった。

約2メートルまで近づくと、動物の体はボーッとした光を発し、周囲を明るく照らしはじめた。それによりこの動物——怪生物——の姿がよりはっきりと見えるようになった。

体形はラグビーボール形、それに加えて大きな耳、ブルドッグのような低い鼻、赤味がかったトカゲのような目。体には野ブタのような毛が生え、尾は5センチくらいしかなかった。後ろ足は3本指で水かきがあり、アヒルそっくりだった。また手にも水かきがあったという。

そのときだ。突然、怪生物は小さなトカゲのように、頭を回した。するとネルソンの頭の中に、どこからともなく声が響いてきたのだ。

「見るな！　行け」

怪生物はテレパシーで警告を発したのである。

ここに至ってはさすがにネルソンも恐怖を覚え、「逃げろ！」と叫んだ。ふたりは夢中で、全力で家に逃げこんだという。

Dibujo hecho por Nelson C.

認定
AUTHORIZATION

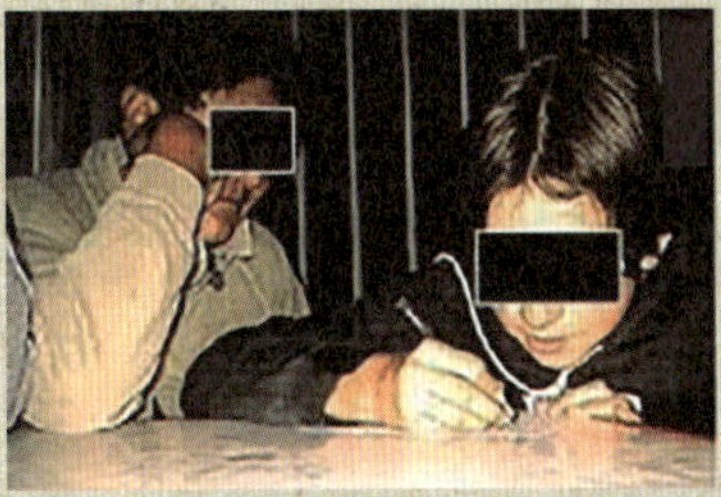

上／ネルソンが描いた怪生物のスケッチ。何ともいえない無気味な姿をしている。左／テレパシーを使う怪生物を目撃した、ネルソン（右）とジーン（左）。

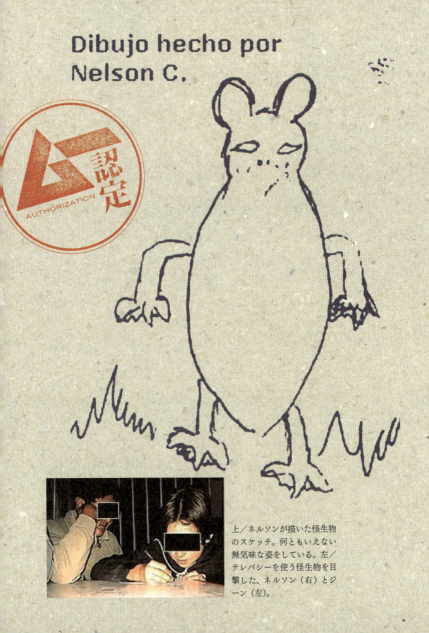

空飛ぶUMAマンタ

No.000030

2012年2月21日の夕方、アメリカ、ヴァージニア州リンチバーグ付近のハイウェイを車で走行中のドライバーの目の前に、マンタ（オニイトマキエイ）とよく似た怪物体が舞い降り、上昇して消えていくという奇妙な事件があった。マンタの滑らかな肌は白く、約1・2メートルの幅があったという。

実は、この時期、マンタ形をした奇妙な飛行物体の目撃報告が多数、報告されている。

ウエスト・ヴァージニア州アッシュトンの近く、ニューヨーク州のハンプトン・ベイ、ウエスト・ヴァージニア州のブルーフィールドの近く、ウエスト・ヴァージニア州クレイ郡

右／まるで異世界からやってきたかのような、幻想的な姿を見せる空飛ぶマンタ。

のエルク川沿い、ヴァージニア州のリンチバーグなどだが、特にリンチバーグでは、目撃が多発している。

　報告を総合すると、その生物は濃淡のない白色で幅が1・2メートル。鳥のような羽毛はなく、とてもなめらかな肌をしている。姿はエイだが頭はなく、尻尾もトゲもない。特徴的なのは車の前で急降下し、それからフロントガラスの向こうを急上昇していく、という飛行パターンである。

　アメリカの民間UFO研究団体MUFONは、こうした奇妙な飛行物体の映像を公開している。撮影されたのは2011年3月25日深夜で、場所はテネシー州グリーンビルの農村地帯だった。夜景を撮っていたとき、偶然写りこんだものだという。撮影者は空中に出現したピンク色のひだのようなものを目撃し、撮ったと証言。そこにはエイのような形をしたオレンジなどさまざまな色で半透明の無気味な物体が、いくつも写っている。

　この物体の正体については、まったくわからない。もしかすると、カメラのレンズ内で起こった光学的な現象である可能性もある。だが、一目しただけでは、まるで異世界から現出した「生命体」のようにも思えてしまう奇妙なものだ。この奇怪な物体が、空飛ぶマンタの目撃事件と、どうリンクしているのか、それもまた不明である。なお、MUFONからも、それ以降に続報は出ていないのが現状だ。

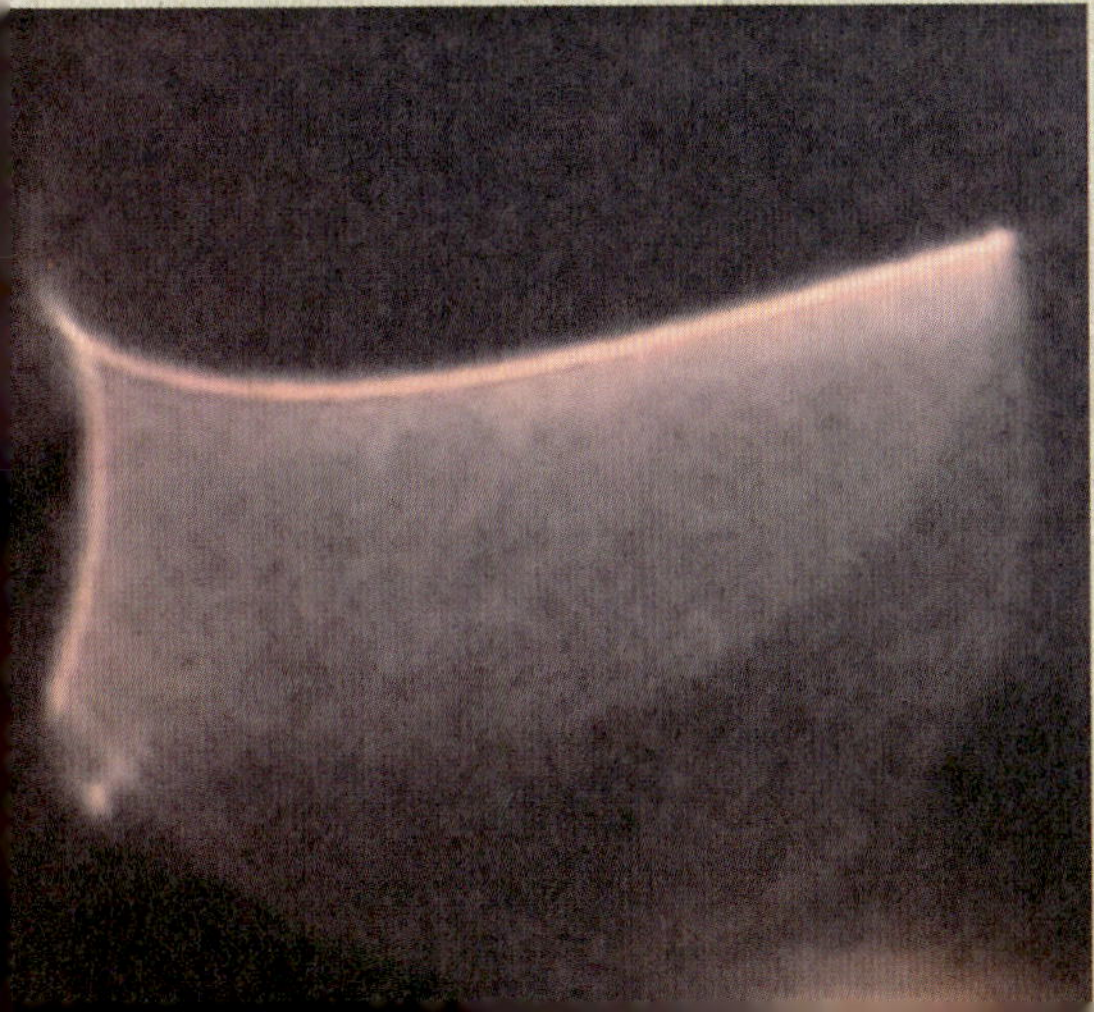

左／ピンク色のひだを持ち、自在に空中を泳ぎまわる半透明のマンタ。

幽霊オオカミ=ファントム・ウルフ

No.000031

幽霊オオカミ=ファントム・ウルフ——。科学万能といわれるこの現代に、魔力を秘めた超次元に属するエンティティ（存在・実体）とされるシェイプシフター=妖怪変化が、地上を密かにうろついている！

2017年4月、その証拠ともいえる驚くべき動画がYouTubeにアップされた。暗がりの中、イヌともオオカミともつかない正体不明の獣が画面左から侵入し、素早く右上へと宙に舞い、飛び去っていったのだ。

この映像について、アメリカ、カリフォルニア州マリブ在住の作家兼映画監督のL・A・マーズリィは、オカルト番組「Into the Multiverse」に出演し、こう語っている。

「これは本物の幽霊オオカミに違いないと、直感した」

彼によれば、動画はアメリカ南西部にあるアメリカ・インディアンの居留地で撮られたものだという。匿名が条件なので、地名など詳細は明かせないというマーズリィだが、映像は彼がその居留地で働く女性警備員から入手したものだ。

彼女が伝えるところでは、宿直していたある晩、住人から「敷地内で、奇妙なことが起こっている」との通報があった。そこでその晩から監視カメラを設置したところ、見たこともないような奇々怪々な獣の姿がとらえられていたのだ。

この居留地では以前から、夜間になると目を赤くランランと輝かせた

イヌともオオカミともつかない神出鬼没の巨大な獣「幽霊オオカミ＝ファントム・ウルフ」と呼ばれる怪物が徘徊。家畜を襲撃して食いちぎるなど、住民たちを脅かしているというのだ。マーズリィによれば、その正体は超次元に属するいわば〝超生命体〟だという。

　ちなみに、アリゾナ州北東部からニューメキシコ州にまたがる砂漠地帯に住む先住民ナバホ族の伝説では、「それ」を、「スキン・ウォーカー」と呼んでいる。そして、オオカミなどの獣や半人半獣に変身する「悪魔の化身」だとし、畏怖《いふ》しているのだ。

上／ビデオ映像で記録された幽霊オオカミ＝ファントム・ウルフ。あるいはこれは、伝説のスキン・ウォーカーなのか？　右ページ下／番組内で、幽霊オオカミについて語る作家兼映画監督のマーズリィ。

その土地の人々によって、古《いにしえ》より語りつがれてきた怪物がいる。

怪物とはいったい、何なのだろうか。暗闇に潜み、あるいは、じっと暗闇のなかから人を見つめてくることもある。そして、こうした幻獣や魔獣と遭遇したとき、人はただひたすら恐怖を覚え、そこに立ち尽くすだけなのだ。

いや、それだけならまだマシといえるだろう。ときに怪物は、容赦なく人を襲ってくることもあるという。そんなとき、人間はあまりにも非力で無力だ。

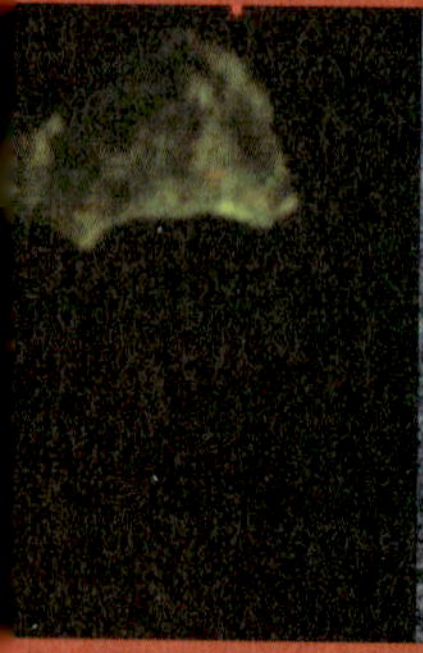

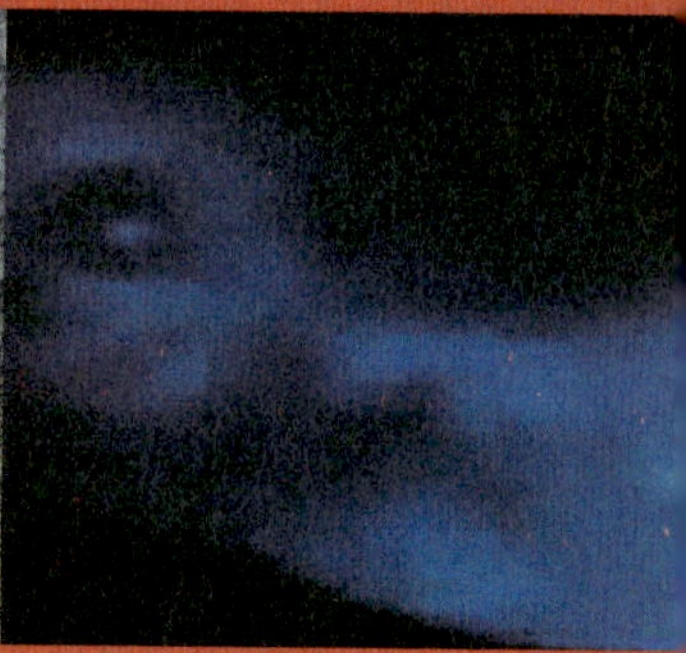

獣

そんな恐怖と遭遇した者は、世界中にいる。

そしてなかには、勇敢にも幻獣に立ち向かった者も……。

そしてわれわれの祖先たちは、こうした魔獣たちの恐怖を語り伝え、注意を促しつづけてきたのである。

いずれにしても、はっきりしていているのは、彼らの住み処が「闇の世界」であるということだ。その闇の世界との通路は、今夜ここで、開くかもしれない。

No.000032-No.000037

5章 幻獣・魔

コウモリの翼を持ったモンスター

No.000032

ム認定 AUTHORIZATION

2003年7月23日、チリ北部カラマ地区で怪事件が起こった。翼をもった謎のモンスターが出現したのである。

カラマに住む当時16歳の学生ディエゴは、友人のジョナサンとカルロスを連れて、サンペドロに住む祖父の家に遊びにいった。祖父が寝た午後8時30分、電気が通っていないため、ロウソクの灯の下、ディエゴはお湯を沸かしてお茶を入れ、3人で軽い夕食をとった。

午後9時5分をすぎたころ、3人はイヌが何かに怯《おび》えたかのように、吠えたり唸《うな》ったりする声を聞いた。耳をすますと、庭を走りまわっている音も聞こえてくる……。10分後にはさらに、ドアを叩くような音も響いた。3人は思わずギョッとした。どうやら、ドアをガリガリと引っ掻《か》くような音もしているようだ。恐怖に駆られた3人は、部屋の隅で毛布をかぶり、肩を寄せ合った。

約5分後、やっと音が止んだ。ディエゴは毛布から出て、窓の外を見回した。だが、何もいなかった。ドアを開けて外を見たが、やはり何もいない。

「出てこいよ、もう大丈夫だぞ！」

ディエゴにうながされ、ふたりも表に出てきた。ところが、大丈夫ではなかったのだ。15メートルほど離れた木立のそばに、体長1・5メートルほどの奇妙な生物が立っていたのである。

「何だ、あれは?」

ジョナサンがうめいた。それもそのはず、その生物の背中には、広げると3・5メートルくらいの、コウモリのような翼があったのだ。しかも、肌は無毛で、黒くヌメッとした光沢があった。大きな頭には小さな口がある。目は黒くて大きく、ぴかぴか光っていた。頑丈そうな2本の脚には、猛禽《もうきん》類のような鋭い爪まであった。怪生物は、有史以前の翼竜のようでもあった。

3人が恐怖のあまり硬直するなか、怪生物は翼をひるがえし、木立を越えて、ゆうゆうと夜空に姿を消していったという。

上／ディエゴが描いたモンスターのスケッチ。巨大な翼が目をひく。左下／目撃したモンスターの姿を描くディエゴ。右下／モンスターが出現した、チリ北部にあるカラマ地区。

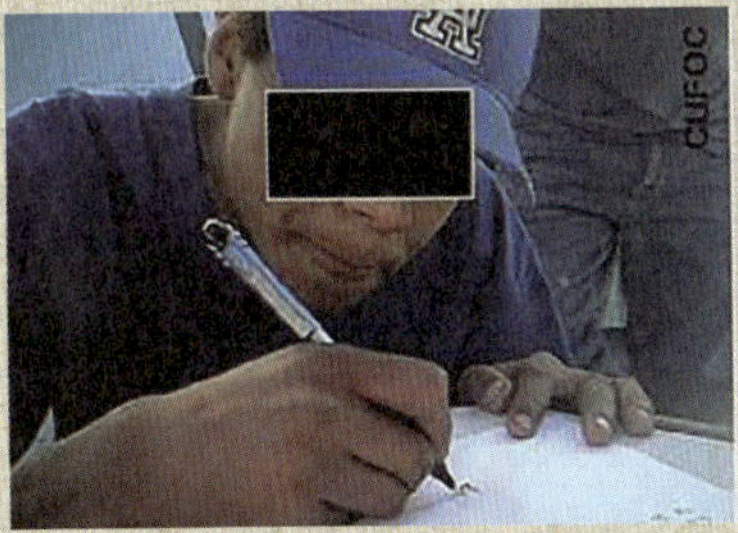

魔犬ガーゴイル

No.0000033

認定 AUTHORIZATION

ガーゴイルといえば、恐ろしげな怪物の姿をした彫像が建物の隅や柱、雨どいなどに魔よけのオブジェとして設置されているものを指す。だが、彫像などではなく実際に生きたガーゴイルもどきの怪物の出現事件が、南米チリで起こっている。

2004年7月、多数のニワトリやヤギが体を引き裂かれ、血まみれの姿で惨殺されるという事件が起こり、農民たちを怯えさせた。

その事件現場周辺では、翼を持つイヌのような怪物が目撃されていたのだ。

7月8日夜、ホアン・アキュナという男が牧場を歩いていた。すると突然、大小2匹の野犬のようなものに跳びかかられた。イヌに見えたが耳がなかったし、口に牙があり、目がらんらんと光っていた。

「こいつら、イヌじゃない!」

恐怖で動揺するアキュナが逃げようと思った瞬間、小型の1匹が喉笛を狙って襲いかかってきた。とっさに両手ではらった瞬間、鋭い痛みが全身を貫いた。鋭い爪が、両腕に食いこんだのだ!

バランスを崩したアキュナは、その場にもんどりうって倒れた。そのスキを狙い、もう1匹が踵《かかと》に食らいついてくる!

恐怖と痛みで絶叫しながら、アキュナはもういっぽうの足で怪物を

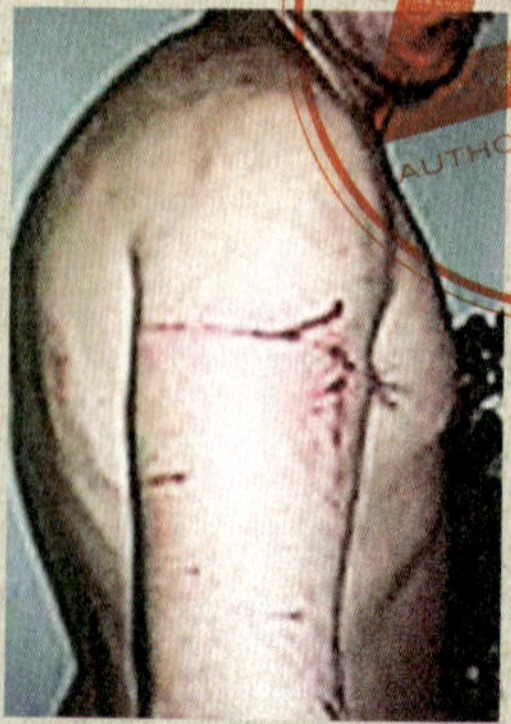

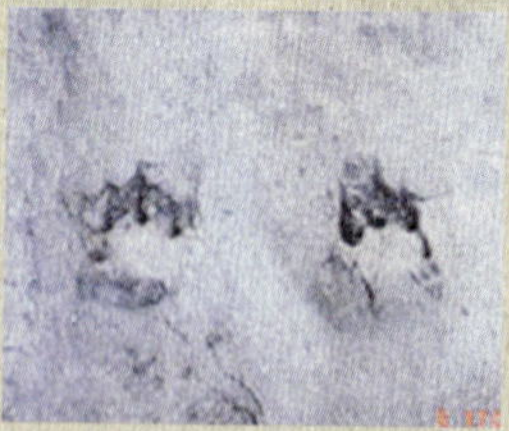

左/ノートルダム寺院にあるガーゴイルの像。一般に魔除けの魔物とされるが、実在する魔物でもある。上/一見、野犬に襲われたかのような、アキュナが受けた生々しい傷。下/アキュナが襲撃された現場に残された怪物の足跡。

蹴りあげた。起きあがると、2匹は宙に浮いている。なんと、翼があったのだ。アキュナは必死で逃げだしたが、怪物は空中を飛んで追ってくる。水路が見えたので、夢中でそこに飛びこんだ。怪物は水が苦手なのか、しばらく頭上を威嚇《いかく》しながら舞ったのち、飛び去っていった。

腕からも足からも、血がしたたり落ちている。自宅に逃げかえったアキュナは、すぐに病院に向かった。

「野犬に襲われたんですね……」

という医師に、アキュナは反論した。

「野犬だって？　馬鹿をいえ、あいつら宙を飛んだんだぜ！」

事件がマスコミで報じられると、農民たちはいつ自分たちが襲われるかわからないと不安がり、夜間の外出を控えるようになったという。

伝説の半魚人オラン・イカン

No.000034

2013年5月下旬のこと。ディスカバリーチャンネルとBBCが共同制作する動物専門の人気チャンネル「アニマルプラネット」が、人魚の映像を公開。後にこの映像はフェイクと判明し、多くのUMAファンをがっかりさせた。では、人魚は本当に存在しないのか。

たとえば2005年、漁船の網にかかった半魚人と思しき謎の水棲生物が、もがきながら魚網から水かきのある手を出して逃げる映像がYouTubeにアップされている。

ほかには、オーストラリア北岸の海岸で撮られたという怪物の画像もYouTubeにはアップされている。撮影時期は不明だが、水かきのついた手と足、のっぺりとした背中にはトゲ状の突起物が連なっている。

この怪物については伝説の「オラン・イカン」ではないかという説もある。マレー語でオランは「人間」イカンは「魚」を意味する。オーストラリア北岸と海を挟むインドネシアのマルク州にあるケイ諸島の原住民の間に、この「オラン・イカン」の話が伝わっていることはきわめて興味深い。

実は、オラン・イカンを見たという人物が大阪にいる。太平洋戦争中、ケイ諸島に監視隊の軍曹として派遣された堀場駒太郎さんだ。

1943年3月のこと、彼は島の村長の家で、オラン・イカンの死体を見たという。体長は約1・6メートル、体重は65キロ足らず。赤茶色の髪が肩まで伸びて額は広く、鼻は低いがヒトともサルともつかない顔つき。耳は小さく、口はコイかヒナのようで、手足の指の間に水かきがついていて、肌はピンク色で触れるとヌルヌルしていたという。

堀場さんはまた、浜辺でじゃれあうオラン・イカンの親子や、海で泳ぐ姿も見ているという。帰国後には学者や知人に体験を聞かせたが、信じてもらえなかったそうだ。

一説に生物は海で生まれ、陸で進化したという。ならばそのまま海で進化を続けた「海棲人類」も存在しているのではないだろうか……。

ム認定 AUTHORIZATION

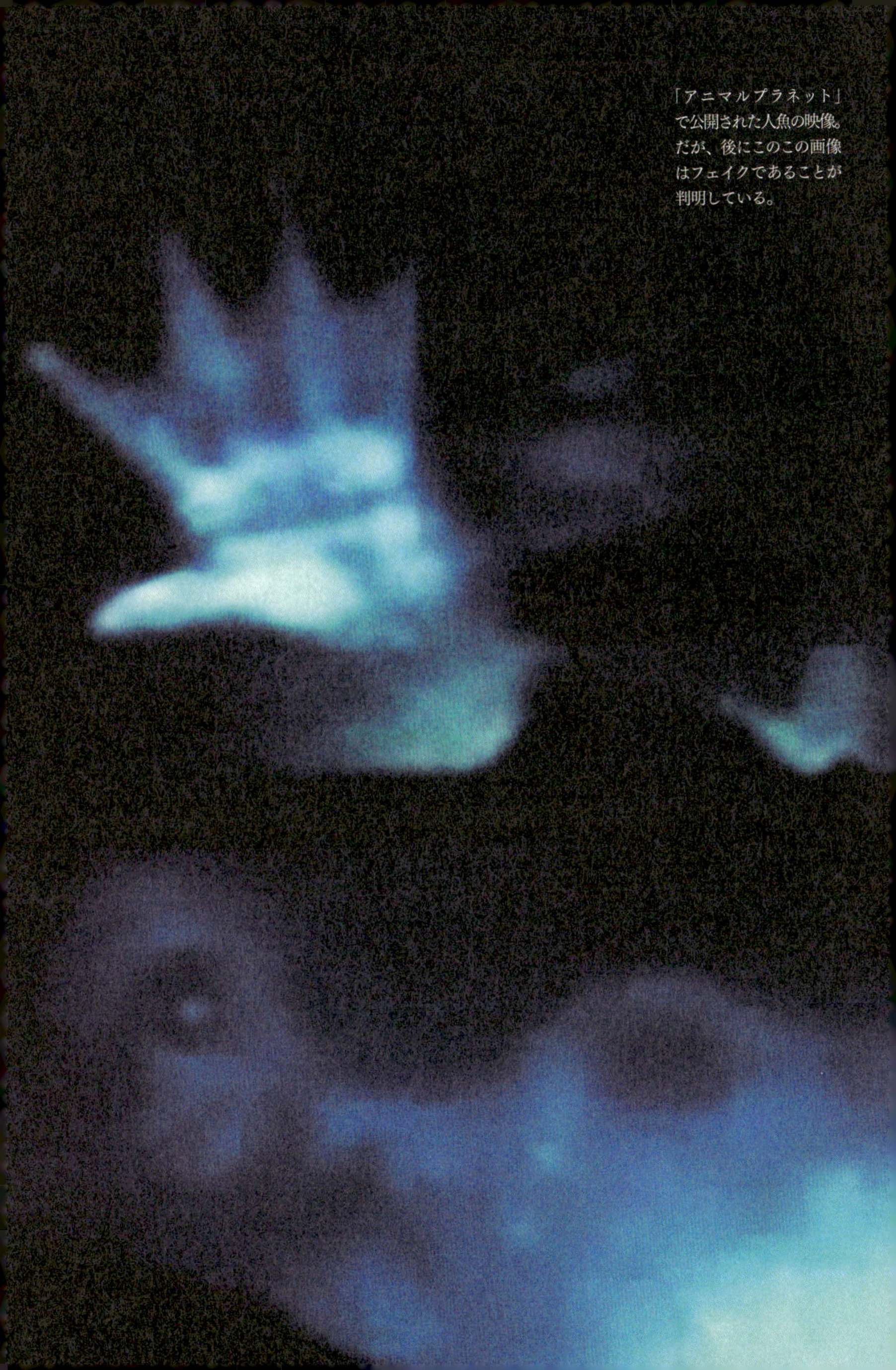

「アニマルプラネット」
で公開された人魚の映像。
だが、後にこのこの画像
はフェイクであることが
判明している。

No.000035

超常現象を発動させるワンパス・キャット

下／サウスカロライナで撮られた黒ヒョウもどきの野獣。ワンパス・キャットか？

アメリカ東部のネイティブ・アメリカンの間には、頭が人間で体はヤマネコ、さらに悪魔の魂を宿した恐ろしい生き物「ワンパス・キャット」の伝説がある。生息地は異界で、この世とをつなぐ扉が開いたときに、姿を現すというのである。

「ネコが立って歩いている！」

2008年4月深夜、テネシー州ノックスビルのテネシー大学内にある寮の1階に住むケイティが、ふと窓から外を見た。そのとき16番街とカンバーランド通りの交差点に人間大のネコが、後ろ足だけで立って歩いているのを見たのだ。その目はらんらんと輝いていたというが、奇妙なことにケイティは目撃してい

た時間も、その奇怪なネコが、その後どうなったのかも、まったく覚えていなかった。

2009年、ノースカロライナ州ブランズウィック郡で、ペットのイヌ3匹が連続して食い殺されるという事件があった。現場では直径7・5センチの足跡が見つかり、ヒョウかクーガー、オオカミの仕業ではないかと考えられた。だがイヌが襲われたと思われる時間帯に、物音もしなければほかの動物の姿も目撃されていなかったのだ。

一方、その周辺でも奇妙な現象が報告された。ノース・サンティー川をデジタルカメラで撮影していた男性が帰宅後、画像をチェックすると、そこに黒ヒョウが写っていたのだ。撮影中に物音を聞いたとか、肉眼で目撃した記憶はまったくなかったという。つまり、目に見えていないはずの黒ヒョウがカメラに写ったのだ。それは被写体が、ワンパス・キャットだったからなのかもしれない。

ここ数年も、アメリカ南部や東部を中心に、正体不明のネコもどきの怪物や黒ヒョウの姿が目撃され、ワンパス・キャットの再来かと噂になっている。

テネシーやバージニア、ウエストバージニアの各州の丘陵地帯では、ときどき悲しげな鳴き声が聞こえる。満月の夜には、その鳴き声がひときわ響きわたる。鳴き声の主は、異界から現れたワンパス・キャットなのだという。

撮影された怪物 モスマン

1966年から67年にかけて、アメリカ、ウエストバージニア州ポイントプレザント一帯を空飛ぶ怪物が席巻。体長約2メートル。全身を覆う褐色および灰色の長い体毛と大きな翼、頭も首もない顔と一体化した寸詰まりの胴体に、巨大な目が赤くギラギラと輝く姿。

　最初の目撃者によって「モスマン（蛾人間）」と名づけられたこの怪物は、出現現場でパトカーの無線が早回しのように聞こえたとか、方位磁

下／ペンシルベニア州で撮影されたモスマンとされる写真。本物ならば、まさに世界初の撮影となる。

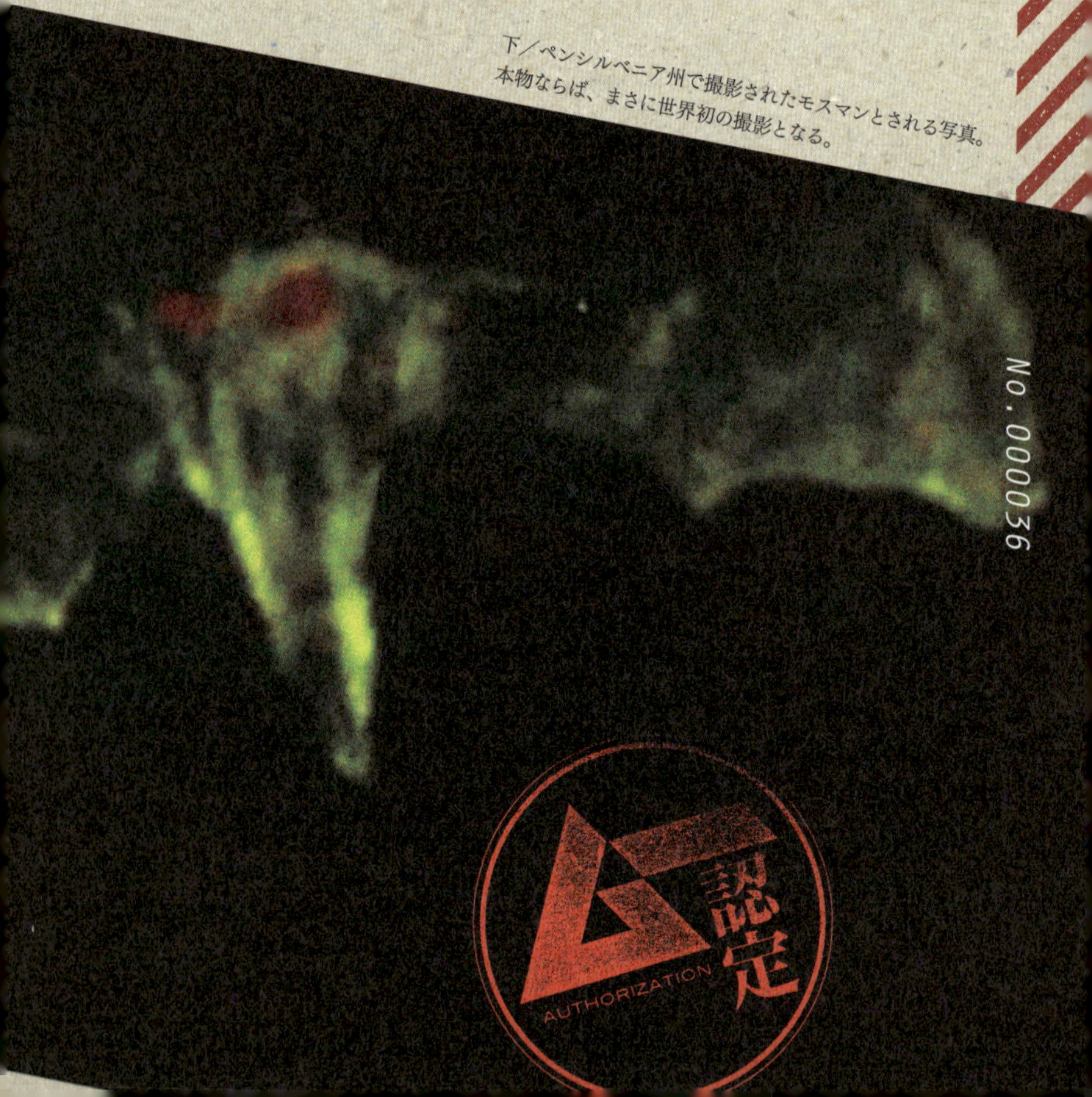
No.000036
認定
AUTHORIZATION

石や時計の針が異常な動きをしたなど、目撃に伴う怪奇現象も報告されている。

２０１４年11月上旬、怪奇現象専門サイト「Phantom&Monsters」に、奇妙な生物の写真がアップされた。コウモリのような翼をもち、大きな赤い眼が特徴的だ。アメリカのニューヨーク州リプリーの近くに住む、リックなる人物が投稿したもので、撮影は２０１１年の7月だという。

リックによれば、午後10時15分すぎ、オハイオ州クリーブランドから帰宅しようと州道90号線を北へ向かい、ペンシルベニア州エリーの北に位置するシックスマイル・クリーク・パークに差しかかったときのことだ。

９メートルほど先のハイウェイを、何かが横切った。車窓を開け、目をやった彼は、驚嘆した。道路から3メートルくらいの高さを、巨大なコウモリのような怪物が飛行していたのだ。

体長は約１・２〜１・５メートルで、体色は暗褐色もしくは灰色。羽ばたいている翼はさしわたし約6メートルもあった。また、体と思しき部分に赤い目のような光が確認できたともいう。

リックが車の外に出たとき、怪物は彼の頭上を「シューッ」という音を発しながら、悠然と飛び去っていった。そのときとっさに撮ったのが、ここに掲載した写真である。

画像を見た世界のＵＭＡ研究家たちは、大きな翼と赤いふたつの眼と思しきものなど、その特徴から即座に「モスマンだ！」と口を揃えたのだ。もしもこれがモスマンだとすれば、まさに世界初の、鮮明な姿をとらえた写真になるだろう。

右／一般に知られているモスマンの目撃イラスト。ちなみにこれは、ウエストバージニア州で目撃されたものだ。

No.000037

伝説のカエル男ラブランド・フロッグ

一時は社会現象になったゲームアプリ「ポケモンGO」だが、2016年8月、アメリカのオハイオ州ラブランドで同ゲームをプレイしていたカップルが、水辺で伝説のUMA「カエル男＝ラブランド・フロッグ」と遭遇。動画を撮影するというショッキングな事件が起こった。

サム・ジェイコブスとガールフレンドのリリー（仮名）は、新たなポケモンをゲットすべく、ラブランドにあるイサベラ湖へと足を運んだ。ゲームに夢中になってしばらくたってからのことだ。暗がりから突然、巨大なカエルが現れたのだ。ふたりは恐怖のあまり、体を硬直させながら目の前にいる巨大なカエルを凝

ム認定 AUTHORIZATION

視した。体長は1・2メートルほどもある。やがて巨大なカエルはのっそりと立ちあがると後ろ足で歩き、姿を消していった。

　イサベラ湖からガールフレンドの自宅に戻ったふたりは、興奮冷めやらぬまま先ほどの出来事を彼女の両親に話して聞かせた。するとリトル・マイアミリバー周辺では、昔から「ラブランド・フロッグ（カエル男）」と呼ばれる伝説のUMAが存在していること、そして彼らが目撃した謎の大ガエルが、そのカエル男の目撃証言ときわめて酷似《こくじ》していることを知らされたのだ。

　後日、メディアの取材を受けたジェイコブスは、興奮気味にそのときの様子をこう語っている。

「水の近くで超巨大なカエルを見たんだ。これはゲームの中の話ではなくて、本物の大ヒキガエルだよ！

　あれが伝説のUMAかどうかはわからない。ただ、あんな大ガエルを生まれて初めて見たのは確かさ……。

　自分でも馬鹿げていることはよくわかっているけど、これは本当の話さ。死んだおばあちゃんの名にかけて誓うよ」

　前述のように事件当時、ジェイコブスは驚きながらも写真と動画の撮影に成功している。では、彼らが見た奇怪な大ガエルは、はたして本当に伝説のラブランド・フロッグだったのか、正体はいまだ謎のままである。

右ページ上／ジェイコブスが撮ったカエル男の映像。暗闇だったため、明るく色調修正を施してある。上／カエル男が出現したイサベラ湖。

認定
AUTHORIZATION

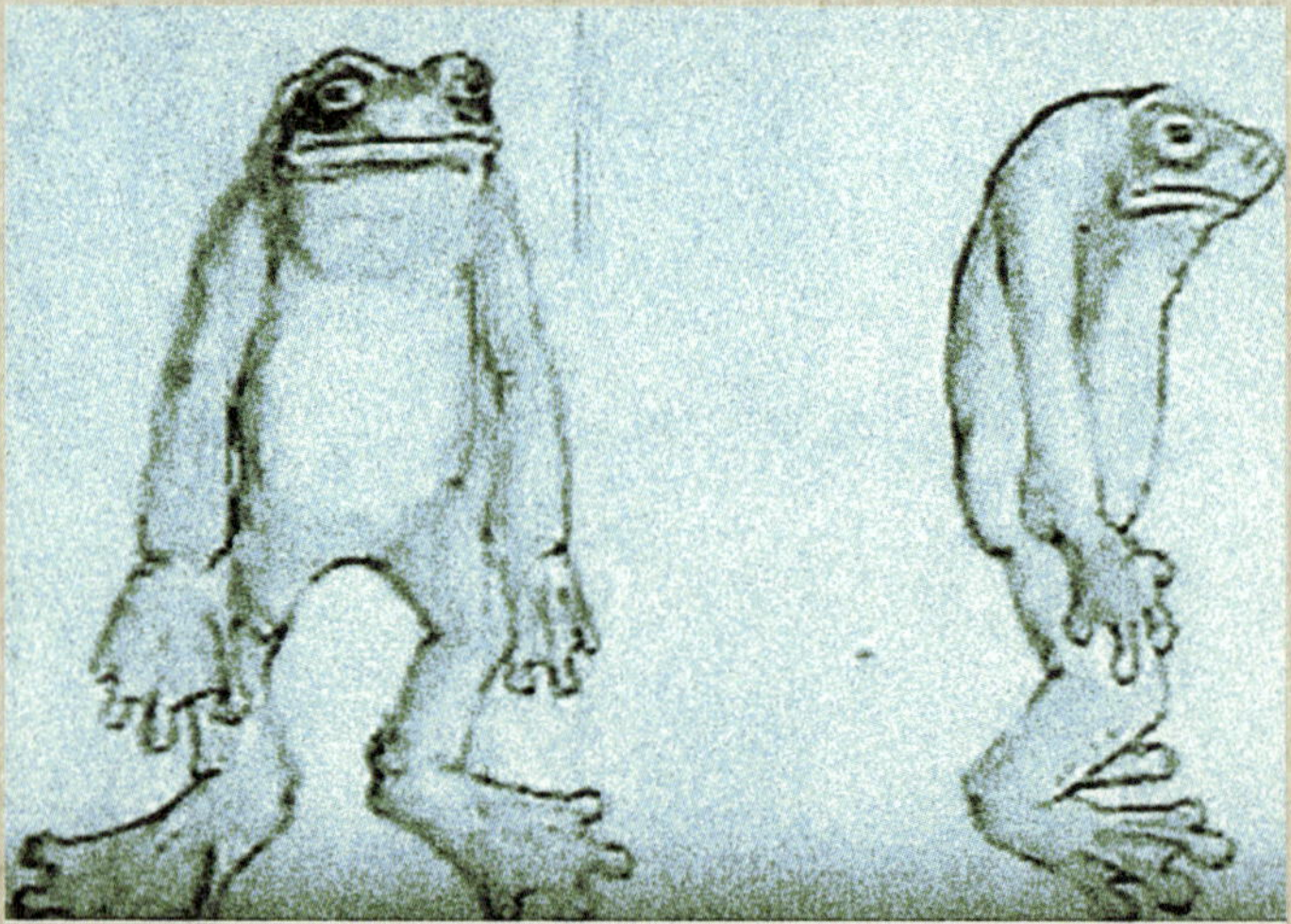

右ページ上／1972年3月に、リトルマイアミリバー沿いでパトロール中の警官が遭遇した、カエルのような怪物の再現。右ページ下／カエル男の目撃スケッチ。上／ネットで公開されている、カエル男を撮ったと見られる画像。ただし、詳細は不明だ。右／フロッグマン伝説、すなわちカエル男は、いまでは町おこしにも利用されている。

チュパカブラ

　1995年、アメリカ合衆国自治領のプエルトリコで、家畜の連続惨殺事件が発生した。ヤギ、ヒツジ、ウシ、ウサギ、イヌ、ニワトリ、ガチョウ……いずれも身体に小さな穴があけられており、そこから体内の血液だけがきれいに抜きとられていたのだ。

　やがて目撃証言から、怪獣の姿が浮かびあがってきた。体長は約90センチ、頭は卵形、目は大きく真っ赤で、鼻孔らしき小さな穴があり、口からは牙が2本出ている。手足の指は3本しかなく、かぎ爪がのびていた。全身

は茶褐色の毛で覆われているが、イメージとしては、尾のない恐竜のような姿をしていた。動きは敏捷《しゅんびん》で、高さ5～6メートルもある木立を軽くジャンプして越えて逃げていったケースもある。

マスコミは、この未知の怪獣に「チュパカブラ」と名づけた。スペイン語で「ヤギの血を吸うもの」という意味だ。

その後、チュパカブラは海を渡り、メキシコ、アメリカ、コスタリカ、チリなど、世界各地で目撃されはじめるのである。

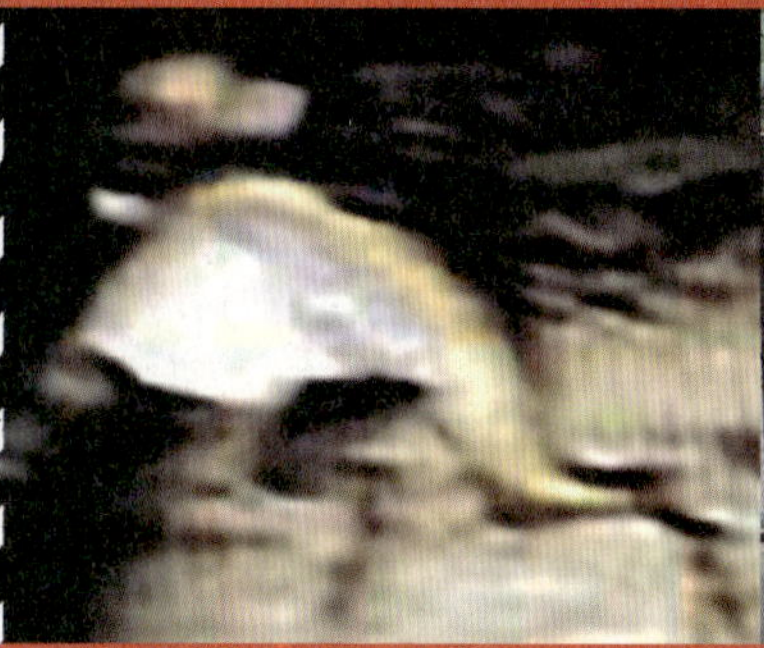

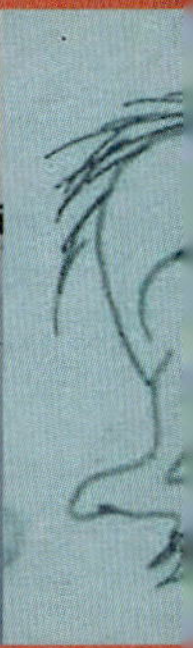

6章 吸血怪獣

恐怖の吸血モンスター チュパカブラ

No.000038

左／被害にあったヒツジの死骸。いずれも体に小さな穴が3つあけられており、体中の血液が抜かれていた。

「謎に満ちた奇怪な獣が、プエルトリコ島に生息している！」——1995年11月19日、カリブ海に浮かぶプエルトリコの地元紙「サン・フアン・スター」が、ヤギやヒツジを中心とした家畜の生き血を吸う怪物について報じた。犠牲となった家畜の死体には必ず小さな「穴＝傷口」があいているにもかかわらず、不思議なことに血が流れた痕跡はまったく認められなかったという。

同島で初めて事件が公になったのは、同年3月21日のこと。島の中央部の町オロコビス近郊で、エンリケ・バレッソ・ヘルナンデスが飼っていたヒツジが8頭殺害された。いずれの死体も吸血されており、首や胸部には生き血を吸ったらしい「穴＝傷口」が3つあいていた。

さらに同年春から夏にかけて、プエルトリコ中央部から南西部のガニカ、東海岸のナガボ、熱帯雨林地帯のエル・ユンケとサン・フアンの中間点に位置するカノバナスを中心に、同様の事件が多発。やがては島中を襲ったのである。

上／謎の吸血事件の中心となったカノバナス。チュパカブラ騒動はこの村から始まった。

怪物の噂はまたたく間に広がり、犯行の手口から、スペイン語で「吸う」を表す「チュパ」と「ヤギ」を意味する「カブラ」を組み合わせ、「チュパカブラ」という造語もできあがった。

11月を迎えるまでに、ヤギやヒツジ、ニワトリやイヌなど

の家畜数百頭が犠牲となった。これらの動物の死体のすべてに、直接の死因となった傷口、つまり直径約5ミリから2センチほどの穴があいていたのである。

何体もの死体を検死した著名な獣医カルロス・ソトは、チュパカブラについて、こう説明する。

「いずれも直径約5ミリから2センチの穴が正確に脳を貫通していました。出血した痕跡もなく、これは地球上の肉食獣の手口ではありません。犯人は知性があり、計画性をもった存在です」

そして当地の研究家は、ABE（Anomalous Biological Entities=異常生命体）と呼ぶべき生物が関与している可能性が高い、と主張したのだ。

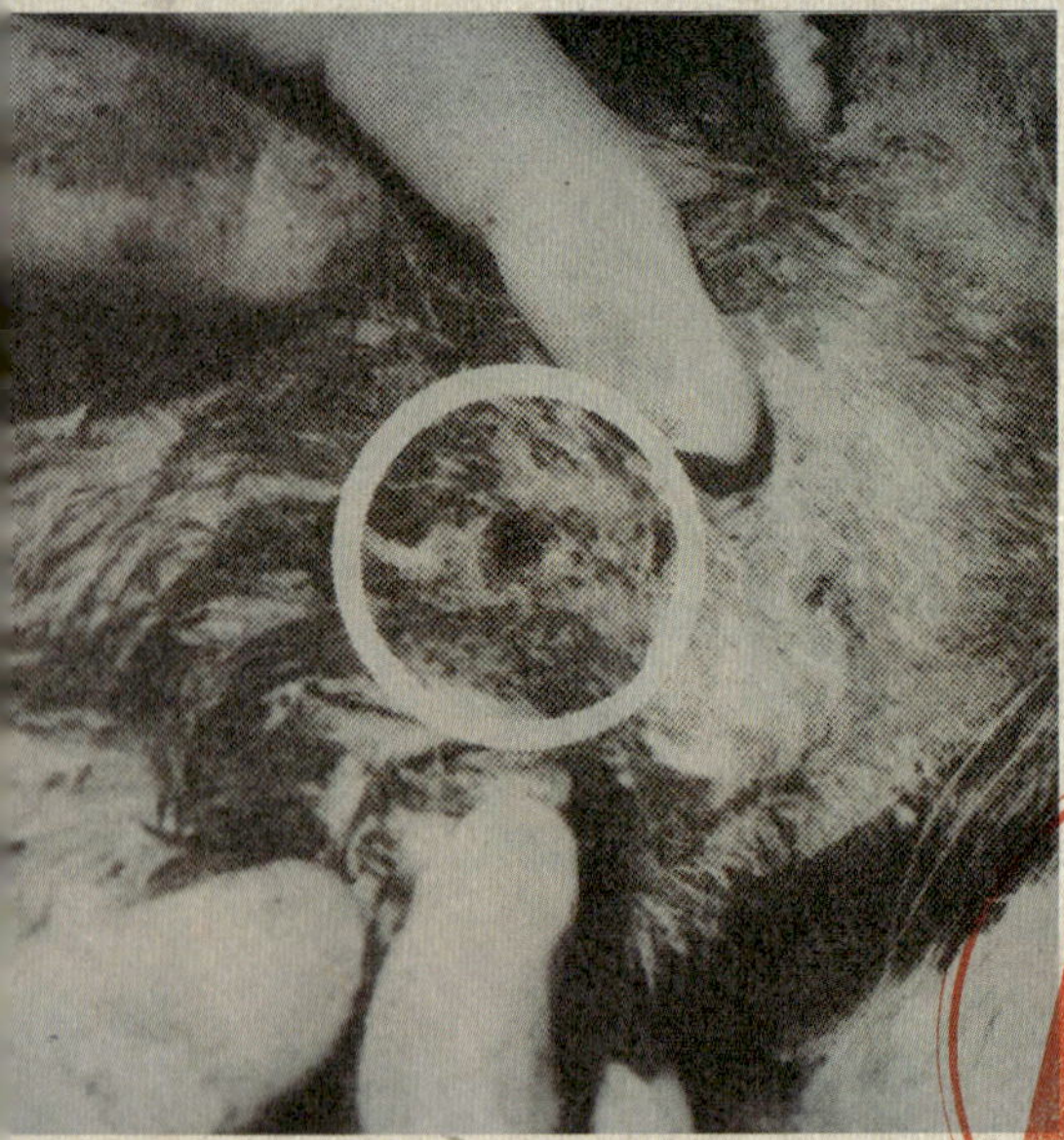

上右／散乱するアヒルの死骸。闇にまぎれた怪物は、次々と家畜を襲っていった。そのため、人々の怒りと恐怖はピークに達していく。下右／殺されたヤギの首筋に残る丸い穴。いったいどうすれば、このような傷がつくというのか。左ページ上／飼っていたヒツジたちが殺害された小屋で、状況を説明するヘルナンデス夫人。左ページ下右／こちらも死骸に見られる傷口。円形の穴がはっきりと確認できる。同下左／死骸に残されていた奇妙な傷について説明する、著名な獣医のカルロス・ソト医師。

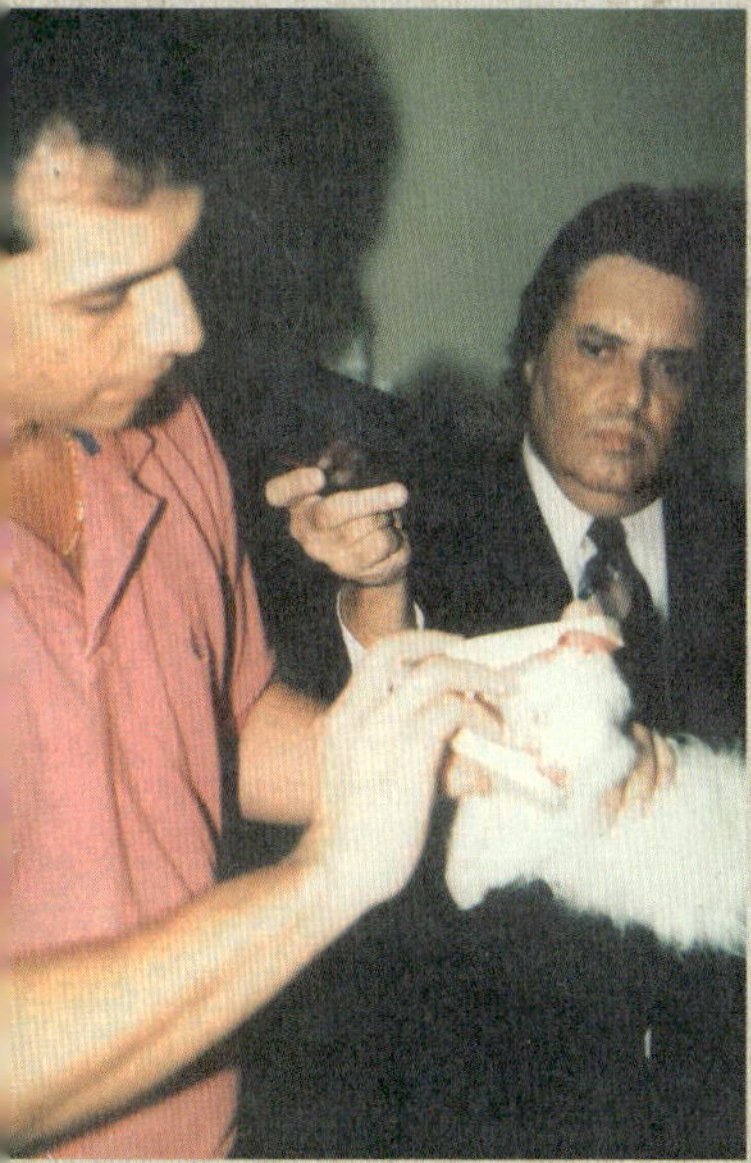

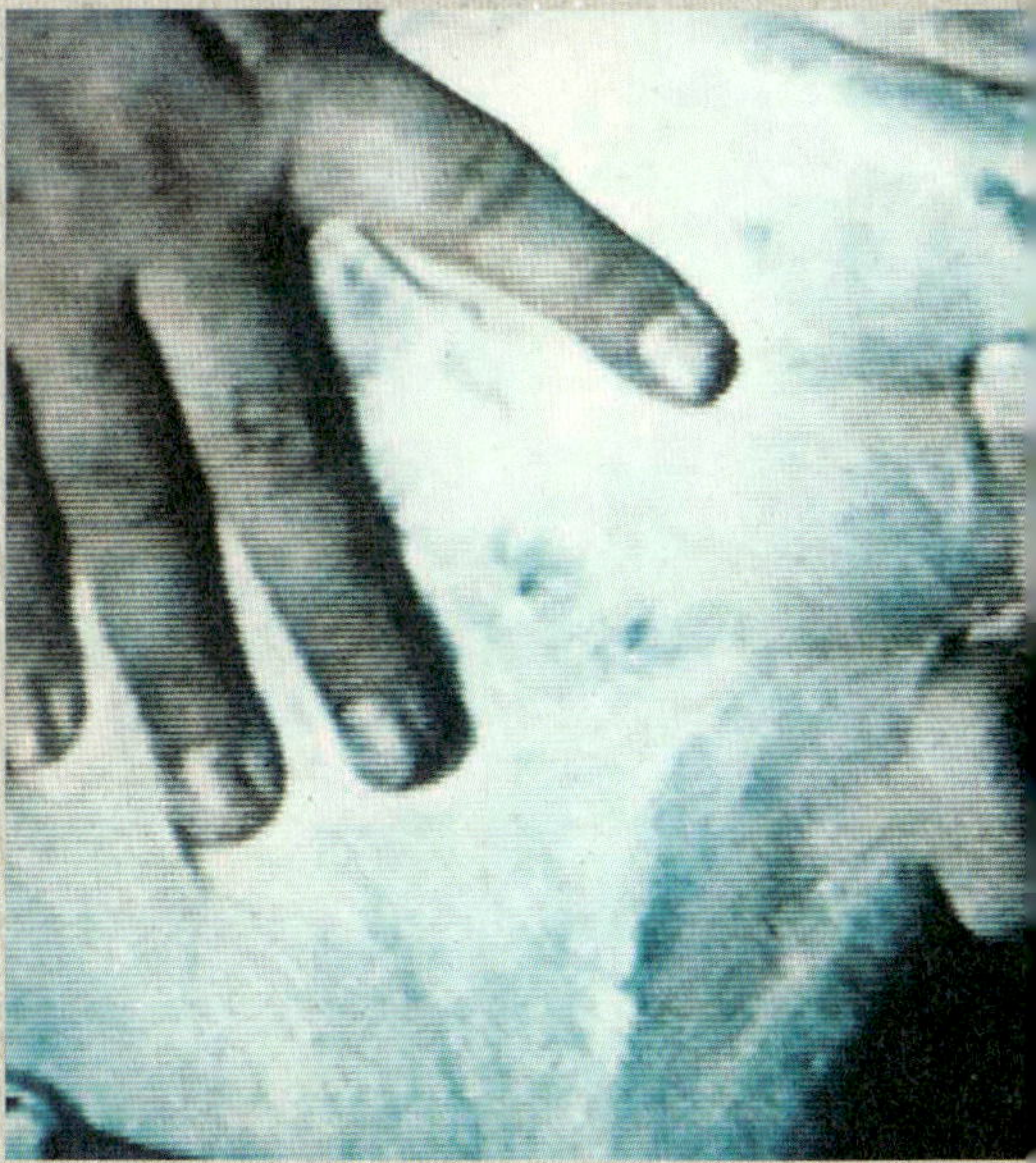

チュパカブラとUFO

No.000039

1984年2月、プエルトリコ東部に位置するカノバナス近郊のエル・ユンケ山の熱帯雨林に、UFOが墜落した。この事件とチュパカブラはリンクしている、という説がある。

カノバナスのホセ・ソト市長は、UFO墜落現場は軍や政府によって厳重な封鎖体制が敷かれ、隠蔽《いんぺい》されてしまったと指摘。また、ジャーナリストのスコット・コラレスは、UFO墜落事件以降、エル・ユンケ山の3分の2が厚い雲と霧に覆われていると指摘している。白昼の墜落事件の目撃者は数百人にものぼり、「この事件以降、正体不明の奇妙な生物が跋扈《ばっこ》しはじめた」という証言も多数、寄せられているのだ。

チュパカブラによる家畜殺害が始まったのは、このUFO墜落事件から約10年後だった。

事実、1995年11月、カノバナスに住む女性が車で走行中、低空飛行するUFO内に侵入していくチュパカブラを目撃。その後、家畜が惨殺されていたことが発覚した。「UFOが出現した翌日、もしくはその後には、家畜がチュパカブラに襲われている」と、コラレスは指摘する。

チュパカブラの正体に関しては、新たな事実も判明している。1995年10月1日、カノバナスで警官に発砲されたチュパカブラが逃げる際、血液サンプルが採取され、後日、DNA検査の途中経過が公表された。

それによるとマグネシウム、リン、カリウム含有率が人間と比べて非常に高く、アルブミン／グロブリン比率も人血と異なっていた。そのため血液が採取された生物は、高度な遺伝子操作によって創造された存在か、地球の環境では起こりえない血液組成を持った未知生物である可能性もある、ということがわかったのだ。

チュパカブラの正体をめぐっては、プエルトリコにかつてあったアメリカの遺伝子工学研究所で創造された「遺伝子怪獣説」「極秘軍事実験により誕生したミュータント説」などがあるが、UFOで地球に飛来した「地球外異常生命体＝エイリアン・アニマル説」も否定できない。

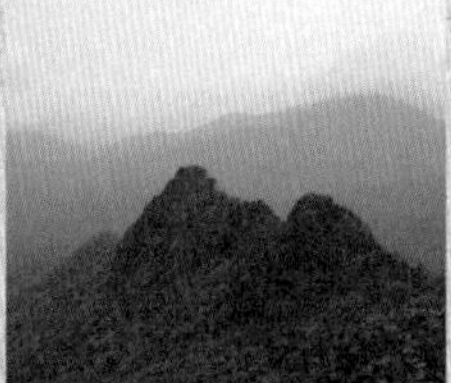
上／1984年2月にUFOの墜落事件が起こったとされる、エル・ユンケ山。チュパカブラが出現したのは、それから10年後のことだった。

右／1989年11月、エル・ユンケ山近郊にあるラバルナ村で目撃した、怪物のスケッチを持つイバン少年。チュパカブラ騒動より以前の事件だ。

左／1995年9月にカノバナスに出現した、全身真っ黒で燃えるような目をした怪物。体長1.2メートルほどで、バタバタ羽ばたいて逃げていったという。下右／1995年6月の夜、娘たちと目撃したUFOのスケッチを描くエンリケ・ゴンザレス。それから2か月後、彼の養鶏場がチュパカブラに襲われた。下左／UFO墜落後、エル・ユンケ山が怪しげな霧で覆われていると主張する、ジャーナリストのスコット・コラレス。左ページ／1998年11月、アメリカのネブラスカ州で発見された怪生物のミイラ。あるいはこれも、UFOと関係がある怪物チュパカブラなのか。

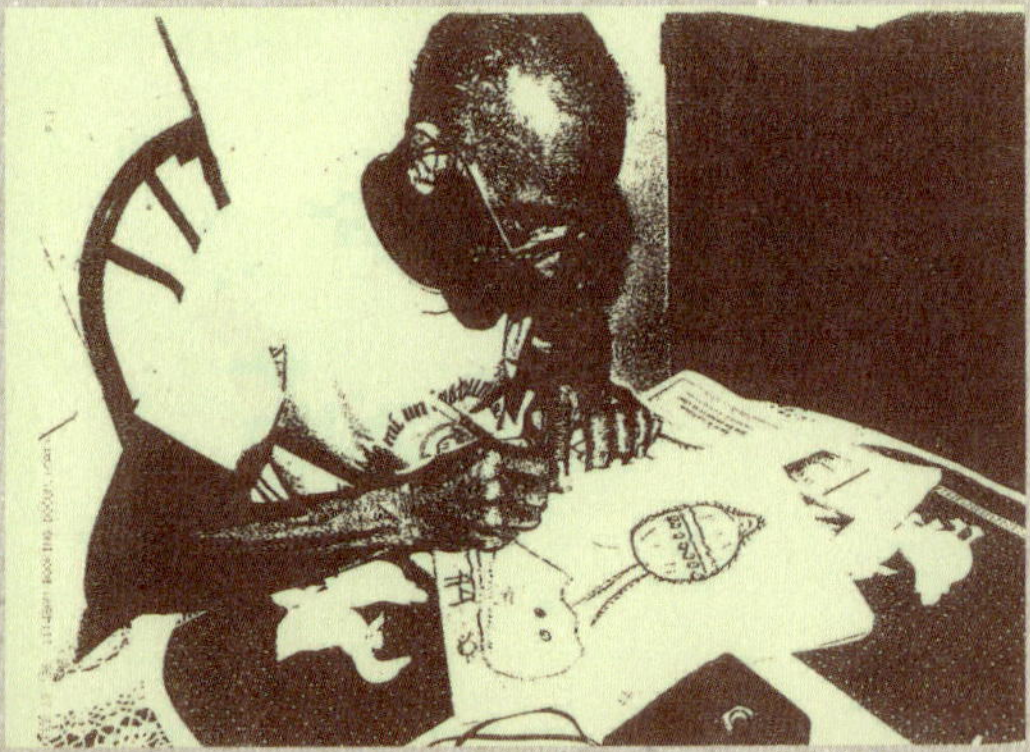

右ページ／2001年5月、メキシコの森の中で撮影された、木の枝にうずくまるチュパカブラ。上2点／2001年5月4日、チリのカラマ地区で目撃された、体長約40センチほどの小型チュパカブラのスケッチ。下／2001年6月に、同じくチリのカラマ地区に出現したチュパカブラの写真。闇を横切る姿を、ライトがリアルに照らしだしている。

認定
AUTHORIZATION

吸血怪獣の異形な姿

No. 000040

さまざまな目撃証言をもとに描かれたチュパカブラのスケッチ。ついにその姿が明らかになった。

プエルトリコではその後、カノバナスを中心に、至近距離におけるチュパカブラ目撃が続出。それらによって体長約90センチ、卵型の頭に大きい真っ赤な目玉と鋭い爪、頭部から背中にかけて赤い羽もしくはトゲを生やした吸血怪獣の実像が少しずつわかってきた。

手足には指が3本あり、それぞれに長さ5センチくらいの爪が生えている。先のとがった小さな耳、グレーもしくは、褐色からオレンジに近い色をした頭髪らしきものも生えている。このように、きわめて醜悪な姿のモンスターであることが明らかになったのだ。

1996年1月、カノバナスの住人オリンピア・ゴヴェア夫人が目撃した怪物は、前足が短く、後ろ足が長かった。尻尾のない中生代の獣脚類のような姿をしていたという。彼女が写真に撮った幅約20センチの足跡は、明らかに野犬など既知《きち》の動物のものとは異なっていた。

さらに1月中旬の午後9時すぎ、警官のエリゼール・リベラ・ディアスは友人が運転する車で走行中、森の中にいる怪物と遭遇。体にくらべて頭は異常に大きく、光る大きな赤い目、横に深く切れ目が入った口、鼻には穴が見えていた。また、前足の指には鋭いかぎ爪がついている。ディアスが近づくと、怪物は地面に身をかがめた。さらに近づくと、背中から薄い膜でつながったトゲのような器官を突きだした。開いた口からは、舌と思われる太いケーブルのような器官が出たり入ったりしている。それは30センチくらいにまで伸び、その先端はアイスピックのように尖っていた。やがて背中のトゲの反復運動が速くなると、ブーンという音とともに怪物は舞いあがり、闇の中に消えていった。

家畜の死体にあけられた穴は、筋肉組織を貫いて体の奥まで達していたが、ディアスが目撃したアイスピックのような舌はおそらく吸血器官で、この舌がうねるように体内を進み、臓器から栄養分を吸収したのではないかと考えられる。そう、チュパカブラは鋭利な舌＝凶器で、家畜の血や栄養分を吸っていたのだ。

右ページ／1995年、ミゲール・アゴスタが目撃したチュパカブラ。駐車場にある2メートルの高さのフェンスを飛び越えて逃げたという。左／ディアスが目撃した、チュパカブラの口から飛びだしたアイスピックのような鋭い舌。下／1995年3月26日、カノバナスの農地内で、ハイメ・トーレスが目撃したチュパカブラ。

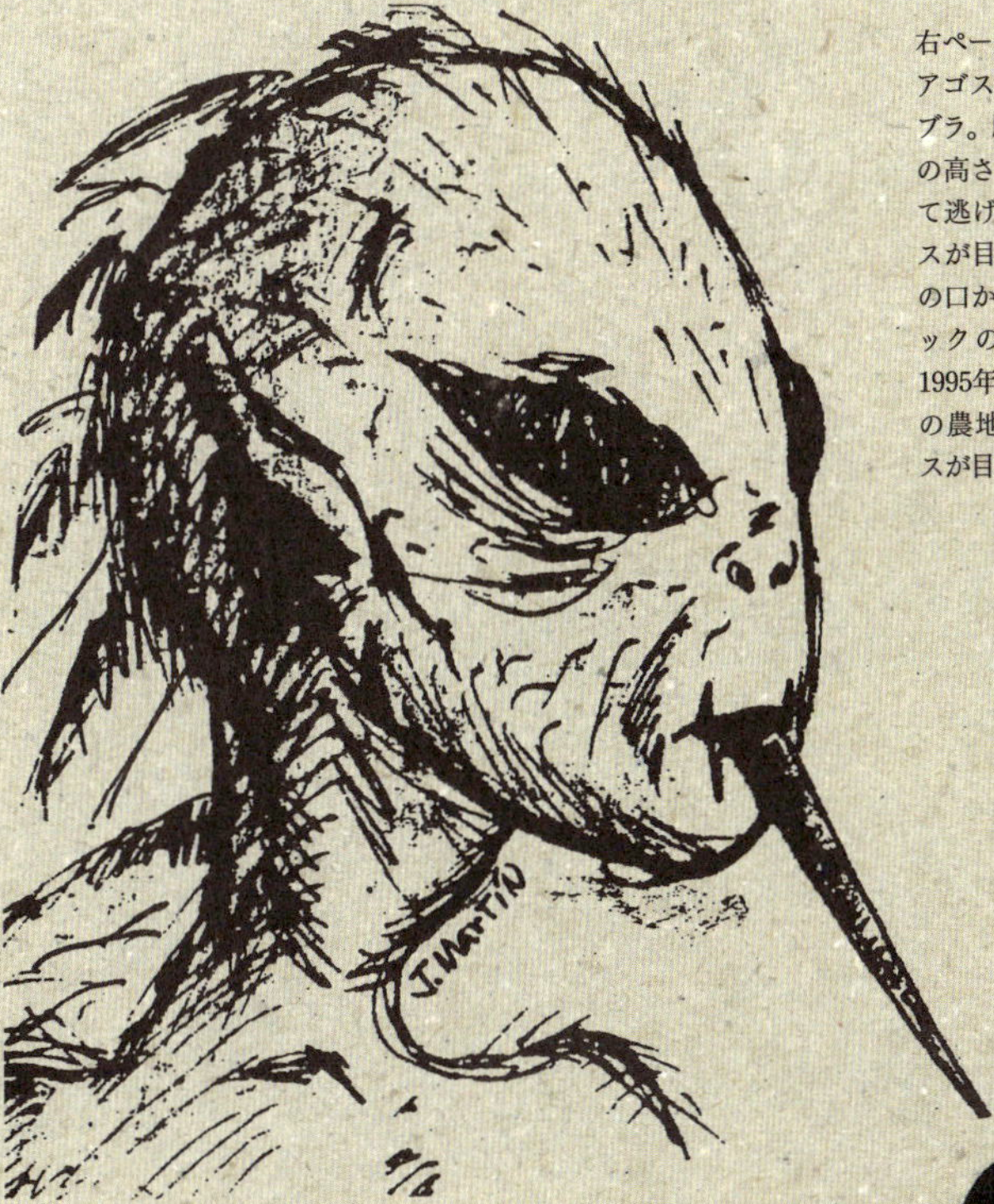

認定
AUTHORIZATION

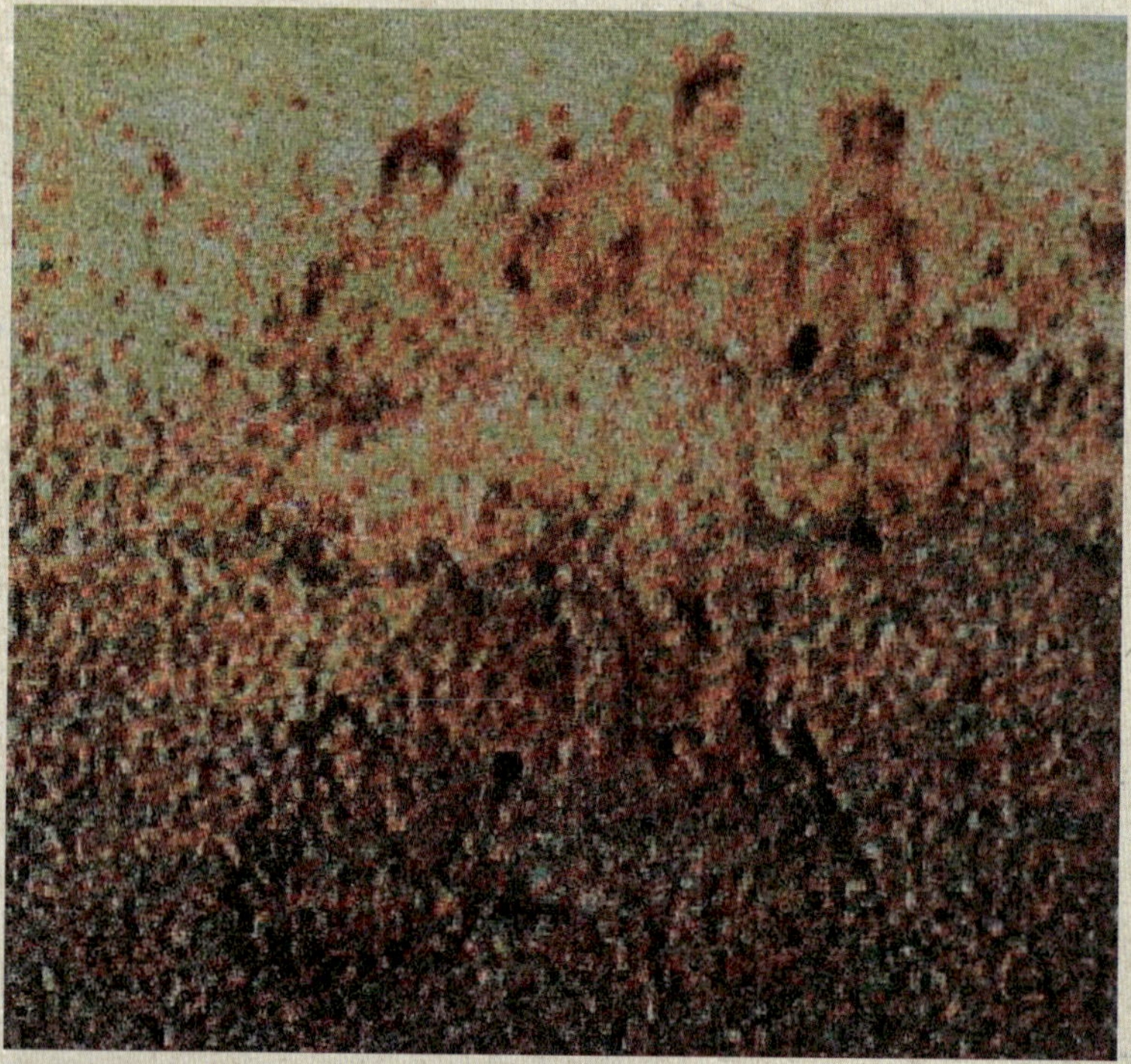

左ページ／チュパカブラに遭遇した人々の意見をもとに作成された、チュパカブラの想像図。上／1996年1月、カノバナスの住人オリンピア・ゴヴェア夫人が目撃した怪物の足跡。下右／怪獣の襲撃に備えて銃を所持する、プエルトリコの農場オーナー。下左／チュパカブラ捕獲用に仕掛けた罠をチェックする、カノバナスのホセ・ソト市長。

認定
AUTHORIZATION

No.000041

世界に広がるチュパカブラの活動範囲

プエルトリコにおけるチュパカブラの家畜襲撃事件は、1996年7月を境に終息していった。だがそれは、彼らの活動が終わったということではない。同年3月、事件は北アメリカ大陸へと波及していたのだ。

まず1996年3月、フロリダ州マイアミ近郊で、ニワトリやヤギなどの家畜が、全身の血を吸い取られて死ぬという事件が続出した。家畜の首には鋭い牙のようなものでできた穴が残っていた。目撃者は、鋭く伸びた長い爪と太い足、大きくふくらんだ真っ赤な目を持ち、口に牙をもった怪物の仕業だと証言し、近くではUFO目撃報告も相次いだ。

吸血異星人出現かと、人々は恐怖のどん底に陥れられた。その後、今度はグアテマラで、なんと人間もチュパカブラに襲われるという事件も報告される。グアテマラのテレビ局ユニビジョンのニュースでは、チョークのように真っ白になった犠牲者の遺体や、首に残された傷が放送され、視聴者にショックを与えた。

続いて5月11日付「ワシントンポスト」紙が、今度はメキシコでヤギ、ヒツジ、ニワトリが夜間に襲われ、血を抜き取られて殺害されたと報じる。獣医のマリオ・サンチアゴ・ラーラの検死によると、ヒツジは肉食獣に食われた形跡はなく、ノドに2センチくらいの穴があいていた。メキシコの目撃者たちは、野生の七面鳥に似た鳴き声も聞いている。

同年5月初旬には、メキシコ、ハリスコ州トラホムルコ・デ・スニガに住むホセ・アンヘル・プリドが、背後から怪物に襲われたと訴えた。

「フクロウのような大きな頭をした怪物で、袋に入ったゼリーをつかんでいるような感触だった」

彼はこの怪物と格闘中、上腕部に鋭い痛みを感じた。やっとの思いで振りほどくと、ジェット機が離陸するような音を耳にした。振り返るともうそこには怪物の姿はなかった。

当地では同年1月以来、銀色の円盤形UFOがしばしば目撃されており、怪物はこのUFOに吸いこまれたのではないかと噂された。

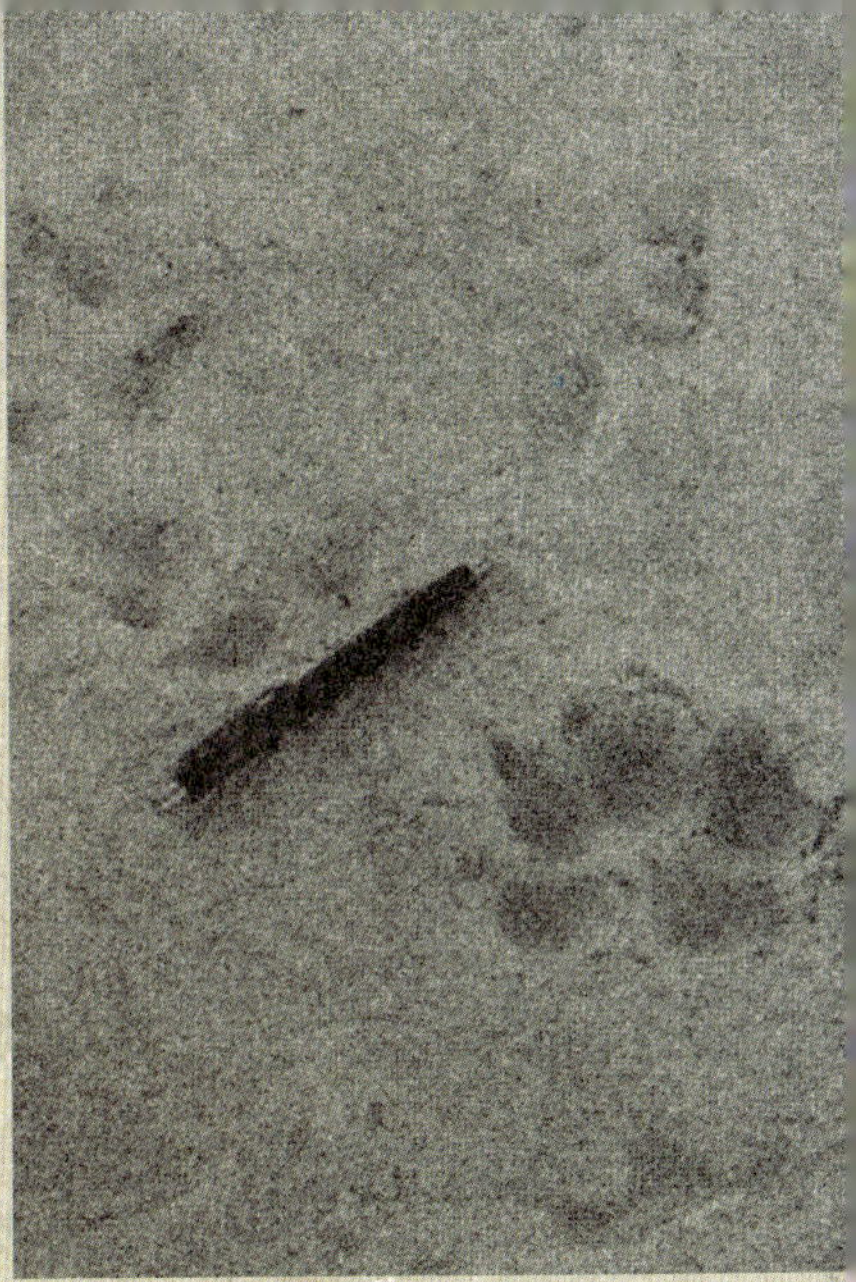

上右／マイアミの農場で、完全に血液を抜かれていたニワトリの死骸。上／マイアミのニワトリ殺害現場に残されていた、チュパカブラの足跡。下／アメリカの マイアミに出現したチュパカブラの目撃スケッチ

上／メキシコのファレスに住む9歳の少女が、飼いイヌを襲った怪物を描いたスケッチ。下／メキシコの農場における、ヤギの殺害現場。これもチュパカブラの仕業か。

右上／メキシコ、ハリスコの少女たちが目撃したUFOのスケッチ。中にはチュパカブラのような異星人の姿が見られる。右中／怪獣に襲われたと訴えた、メキシコのハリスコ州トラホムルコ・デ・スニガに住むホセ・アンヘル・プリド。右下／プリドの腕につけられた傷は、チュパカブラに襲われた家畜のように、円形になっていた。

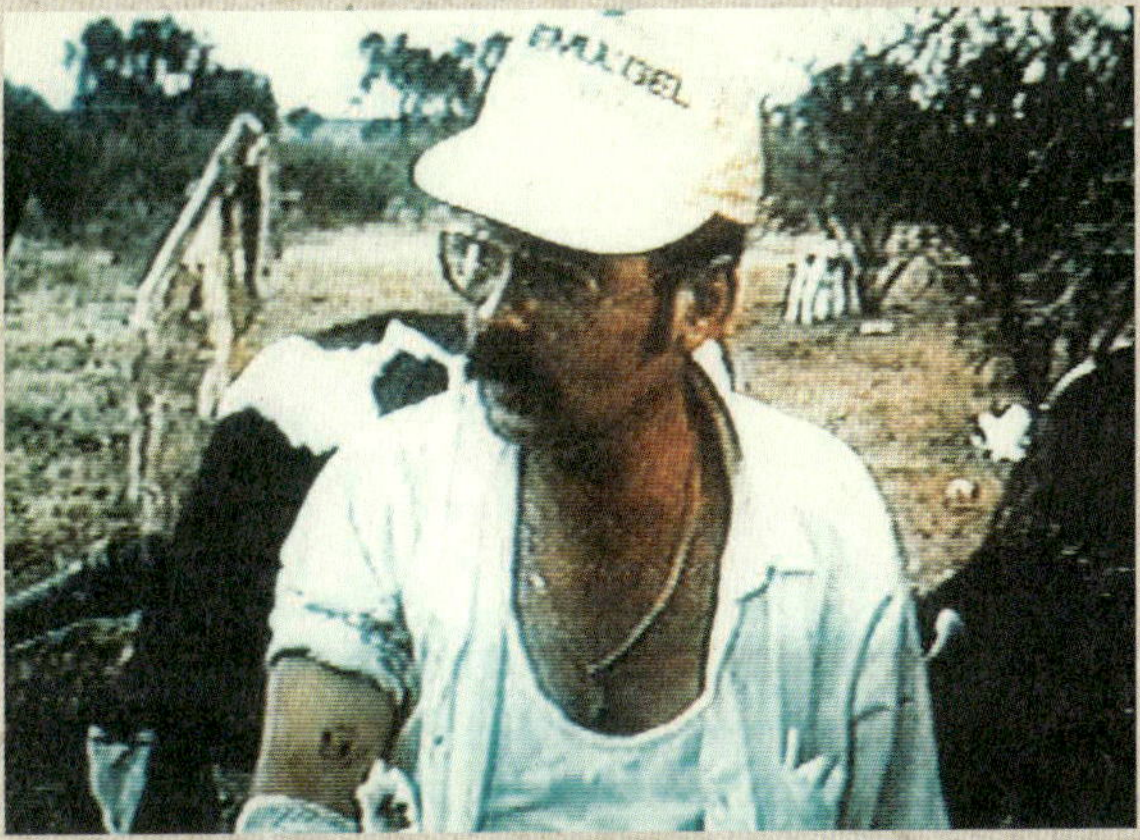

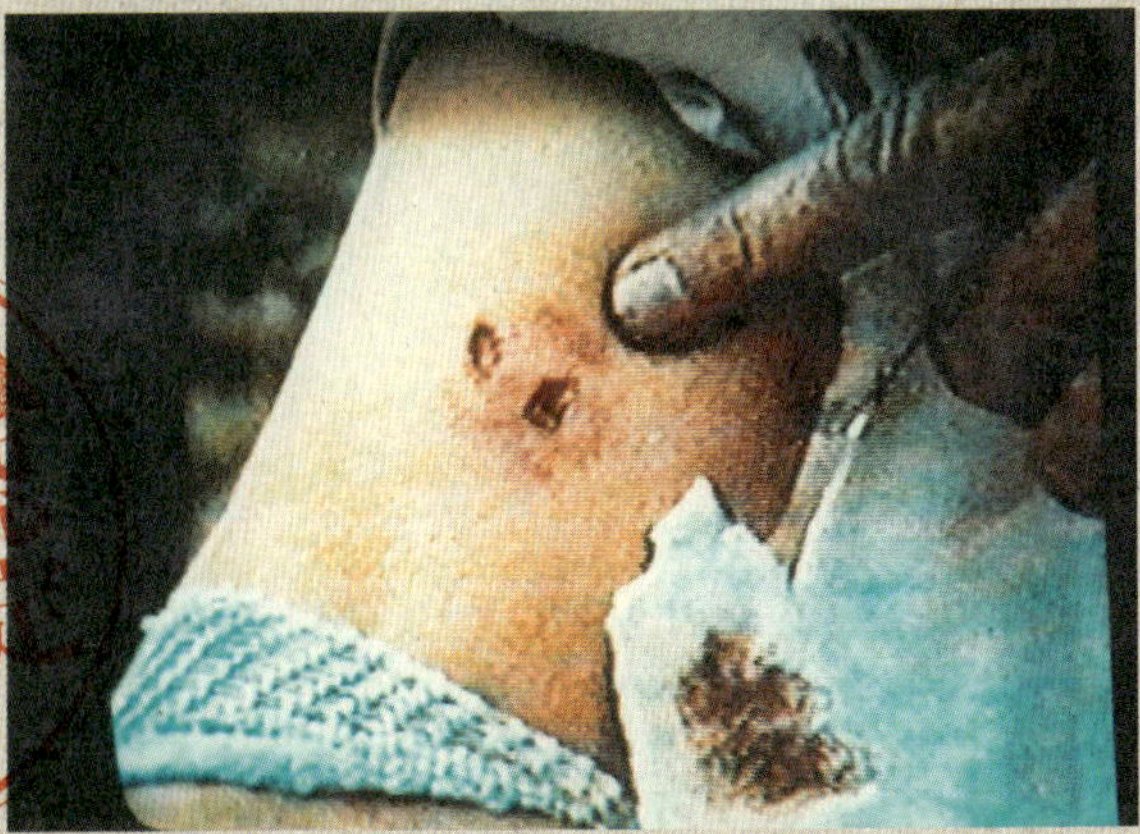

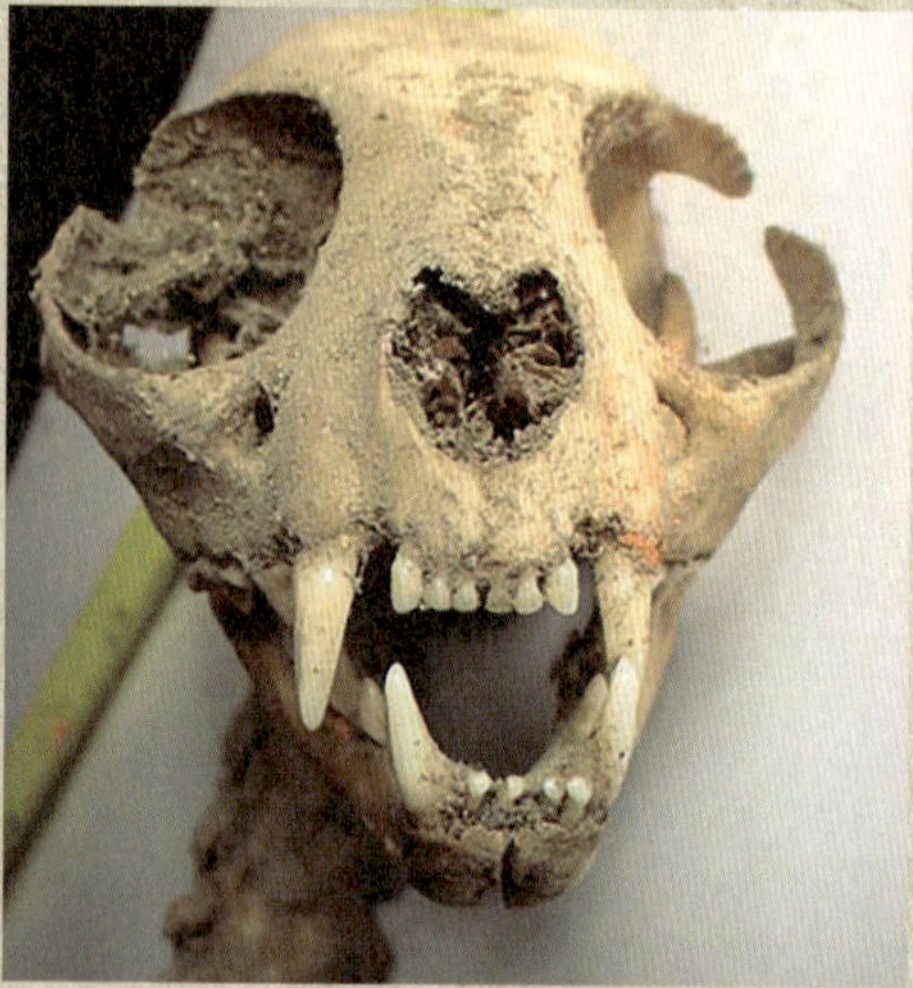

左上／2003年にチリのコンセプシオンで見つかった、チュパカブラと思しき怪獣の骨格。これは顔を正面から撮影したもの。左中／その怪獣の頭を横から見たところ。左下／チリのコンセプシオンの怪獣の骨格の全体写真。左ページ／2005年にアメリカのイリノイ州在住の人物が遭遇し、撮影したとされるモンスター。これもチュパカブラなのか。

認定
AUTHORIZATION

第2のチュパカブラ 吸血獣ブルードッグ

No.000042

2005年を境に、アメリカのテキサス州を中心に家畜を襲い、生き血を吸うUMAが出没。ヒツジやニワトリなどの家畜が喉笛を咬み切られ、血を吸われて殺されるという事件が相次いだ。現場では野犬ともコヨーテともつかない奇妙な動物が目撃されていたが、やがて青みがかった醜悪な姿がビデオやカメラに撮影されると、その体色から「ブルードッグ」と呼ばれるようになった。

よくチュパカブラと混同されるが、本来のチュパカブラとは姿形がまったく異なる別物であり、いわば新チュパカブラといった存在である。

そのブルードッグを殺害したという事件が、2011年9月6日に起こっている。ミシシッピー州シンプソン郡メンデル、ホールの住人トリット・バーナードが、敷地内に侵入してきた野獣をライフルで射殺。よく見ると体毛がなく青みがかった皮膚で、後ろ足が前足よりも少し短かい。また、歯が牙のようにむきでていた。

2週間の間で、近所の家畜小屋が襲われるという事件が頻発しており、「犯人はこいつかも?」と、思ったという。だが、死体は詳しく調査されることもなく処分されてしまった。

ブルードッグの正体について動物学者や専門家は、悪性の疥癬《かいせん》にかかったコヨーテだという。だが、そうとはいい切れないと、アマチュア未確認動物学者ジョン・ダウンズは

左ページ／2000年5月27日、テキサスで家畜を襲うブルードッグ。下右／ブルードッグとされる怪獣の剥製。はたして第2のチュパカブラなのか？　下左／テキサスで、民家の庭に現れたブルードッグの姿をとらえた写真。

反論する。彼は、テキサス州の荒野には皮膚が青い種類、そして赤い種類が生息していると指摘。アメリカ南西部各州およびメキシコで写真やビデオに撮影されるのはこうした未知のオオカミ種の動物なのだという。

一説には、コヨーテと野犬などのハイブリッド＝混血種ではないか、ともいわれているが、決め手はない。

2010年7月にはオクラホマ州ニーカムセで、高校生のグループによって、前足を高くあげて歩行するブルードッグの姿が撮影されている。野犬なら二足歩行はしないはずだ。死体がDNA鑑定されたという噂もあるが公表されておらず、ブルードッグの正体はミステリアスなままである。

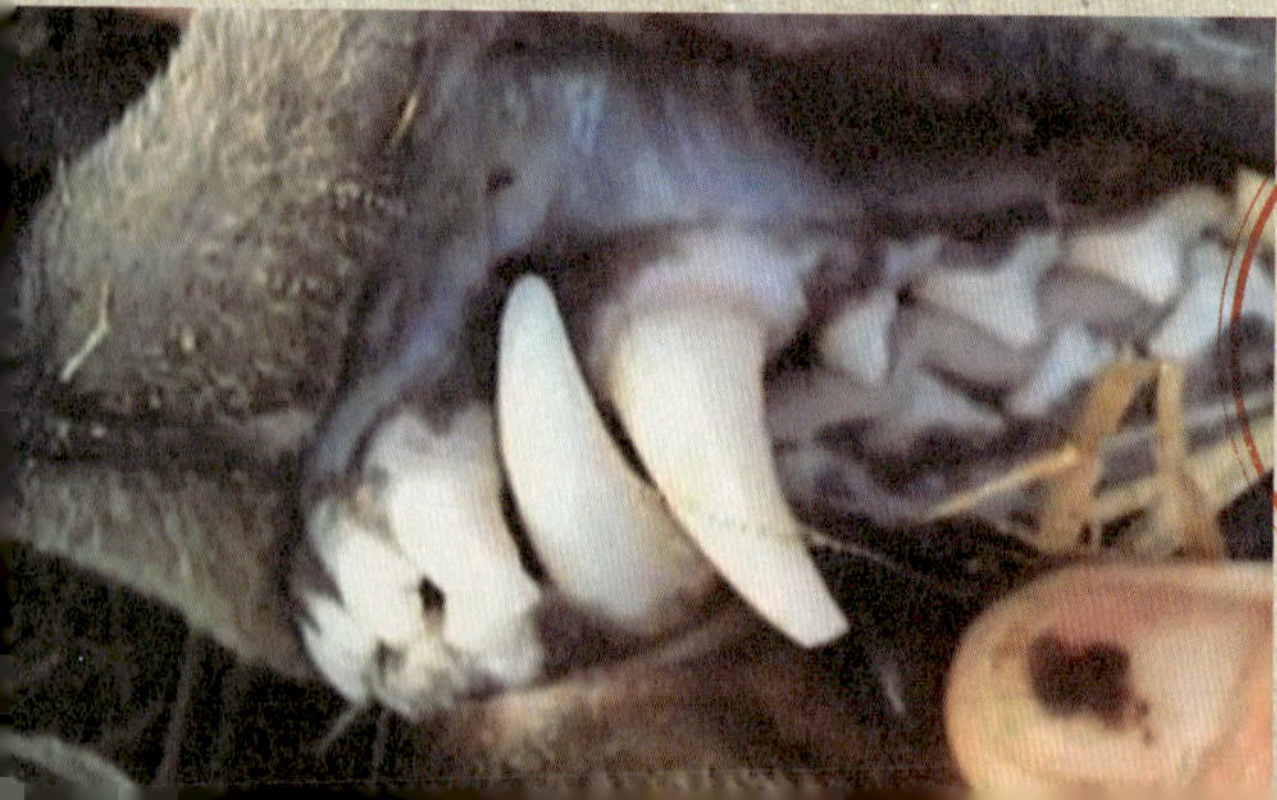

左上／2011年9月6日、敷地内に侵入してきたブルードッグを仕留めた、トリット・バーナード。左中／射殺されたブルードッグの死骸。左下／ブルードッグの口。鋭い牙状の歯が上下にあることがわかる。

認定
AUTHORIZATION

右上／射殺されたブルードッグの耳に注目。形がコヨーテとは異なっている。
右下／2足歩行するブルードッグ。野犬なら、このような動きはしないはずだ。

ム認定
AUTHORIZATION

左／ミイラ化した、チュパカブラと思われる死骸。下／チュパカブラではないかと推測される謎の怪物の死骸。

上／チュパカブラのミイラとされる死骸。最近はさまざまな姿が確認されている。右／2015年1月22日、南米チリのヤギの飼育農場で働いているハービエ・プロヘンスとその仕事仲間が、古いワイナリーの中で発見した2体の怪生物の遺骸。

生命が誕生してから現在まで、地球上では数多くの生物が絶滅していった。

古いものは化石として、比較的新しいものなら文献に、あるいは写真や映像が残されているものもある。これらはいずれも、われわれの好奇心と想像力、そしてノスタルジーを誘う貴重な遺産になっている。

だが、もしもこうした生物たちが、絶滅することなく、いまも人知れず生き残っていたとしたら——？

決して荒唐《こうとう》無稽《むけい》な話ではない。

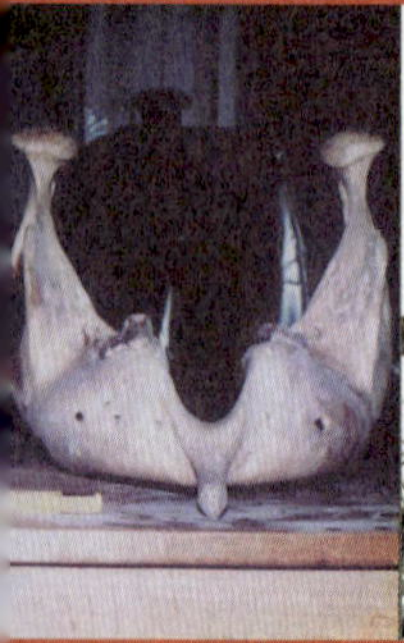

・絶滅種

格好の例が、本章でも紹介しているシーラカンスだ。白亜紀を最後に化石が途絶えたこの古代魚は、3億5000万年前の姿のまま進化の歩みを止め、1938年になって突然、われわれの前に生きたまま姿を現し、世界中を驚かせたのである。

こうしたケースが人跡未踏のジャングルの奥地で、あるいはわれわれの知らない山奥で、起こったとしても決して不思議ではない。われわれは、地球のすべてを知っているわけではないのだから。

No.000043-No.000052

7章 古代生物

湖に棲む怪獣モケーレ・ムベンベ

No.000043

コンゴ共和国リクアラ地方にあるテレ湖には、水陸両棲の怪獣モケーレ・ムベンベが棲むという。

現地の言葉で「虹」を意味するこの怪獣は、「コンゴ・ドラゴン」と呼ばれることもある。その姿は太古の恐竜を思わせ、頭頂部にコブを有する頭はヘビに似て小さく、支える首は長い。四肢は横腹から張りだし、それに続く尾は長い。全長は8〜15メートルといわれ、茶色がかった灰色の表皮に体毛はなく、滑らかだという。その姿はかつて地球を闊歩《かっぽ》した竜脚類の恐竜そのものだ。

最初の目撃記録は1776年に遡る。性格はきわめて攻撃的で、長い尾の一撃で「カヌーを転覆させ、乗り手は食い殺されてしまう」と、以前から原住民から畏《おそ》れられる存在だったという。また1959年には、ピグミーが1頭のモケーレ・ムベンベを殺害。その肉を食べた全員が死亡するという事件が起きている。

専門家による調査もいく度となく行われており、1980年代にはとりわけ大きな成果があがった。1980年、アメリカ、シカゴ大学の動物学者ロイ・マッカル博士らの探検隊が現地で30件以上の目撃証言や怪獣のスケッチを収集。翌年には、アメリカの宇宙考古学技師ハーマン・レガスターズ探検隊の調査によって、

下／モケーレ・ムベンベが潜んでいるとされる、コンゴ共和国のテレ湖。ただし平均水深は1.5〜2メートルしかないといわれている。

1981年、アメリカのハーマン・レガスターズ隊がコンゴ共和国のテレ湖北端で撮影した、モケーレ・ムベンベと思しき生物の一部。

湖面に浮かぶ怪獣らしき姿が初めて撮影され、咆哮《ほうこう》も録音されている。また、怪獣が水陸両棲であることなども判明したのだ。

1983年5月1日には、コンゴ政府から派遣された生物学者のマルセル・アニャーニャ博士が、テレ湖で推定体長9メートルのモケーレ・ムベンベを目撃。映像記録を残すことはできなかったが、中生代に繁栄していたアパトサウルスに似た怪獣のスケッチを残している。

正体についてはサイ説もあるが、音声記録に残された声はサイのそれにはほど遠い。恐竜の生き残り説や、オオトカゲの未知種であるという説が有力視されてはいるが、いまだその存在は謎のままだ。今後の現地調査の進展に期待したい。

上／現地で発見された巨大な足跡。周囲は90センチもあるが、その形状から ゾウのものではない。

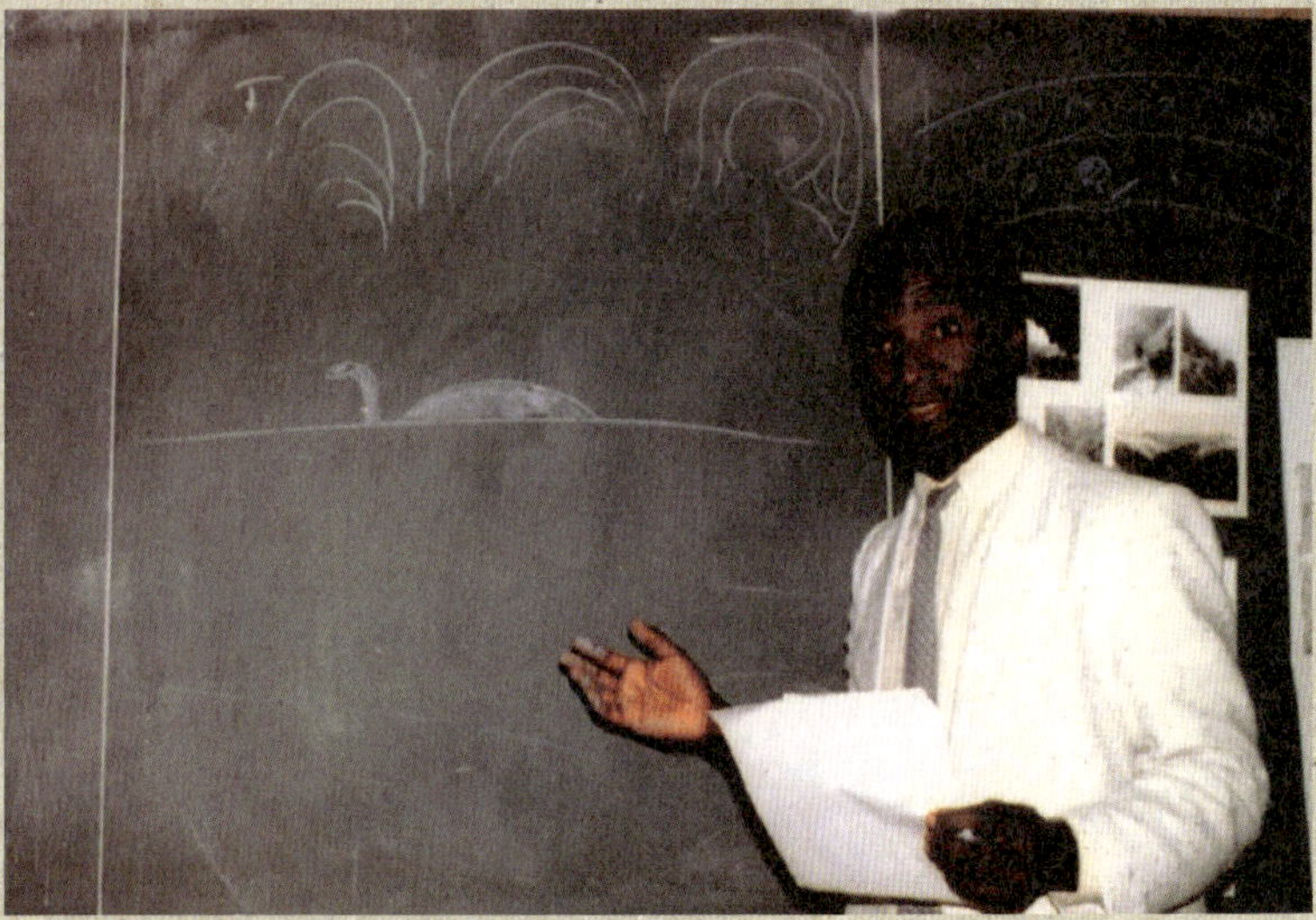

上3点／（いずれも）目撃者たちの証言をもとに描かれた、モケーレ・ムベンベの再現イラスト。明らかに恐竜の竜脚類を思わせるものだ。下／自らが目撃したモケーレ・ムベンベの姿を黒板に描いて、説明を行うアニャーニャ博士。

隠れ棲む絶滅動物タスマニアタイガー

絶滅種の中で、もっとも生存の可能性が高いとされるのが、タスマニアタイガーだ。背中にトラのような黒茶の縞模様があるために「タイガー」と呼ばれているが、正式名は「フクロオオカミ」。オオカミでありながらカンガルーのように袋を持つ有袋類だ。体長は1〜1・3メートルほどで、カンガルーに似た長さ50〜65センチの尾もある。

およそ４００万年前に出現したとされる本種は、ニューギニア島を含めたオーストラリア区一帯に生息していた。だが3万年前、アボリジニの祖先となる人類が進出してくると、家畜であるイヌ科のディンゴとの生存競争に敗れ、生息域はタスマニア島だけになってしまう。

それでも19世紀ごろまでは相当数の存在が確認されていたが、入植してきたヨーロッパ人の駆除の対象となり、１９０９年までに２１８４頭が虐殺。１９３６年、動物園で飼育されていた最後の1頭が死に、絶滅が認定された。

だが、目撃談は現在でも尽きることはない。たとえば１９８４年11月、西オーストラリア州ギラウィーンに住むケビン・キャメロンは、パース近郊の森の中でつがいのタスマニアタイガーと遭遇し、足型を取得。2年後には2頭のタスマニアタイガーの写真撮影にも成功した。

また１９９０年12月には、タスマニア島北西部のクレイドル山中で、特徴的な縞模様を持つオオカミのような動物にふたりの猟師が遭遇。

さらに1992年6月には、クレイドル山から約36キロ離れた路上で、タクシー運転手のトニー・デービスがタスマニアタイガーと1分近く対峙したと証言している。21世紀に入ると、野生動物の監視用カメラや車に搭載されるドライブレコーダーに、映像としてとらえられるケースも急増しているのだ。

こうした情報を受け、ジェームズクック大学のサンドラ・アベル博士らは、目撃情報のあったエリア約50か所に監視カメラを設置。生きているタスマニアタイガーを見る日も、遠くはないかもしれない。

上／1936年、動物園で飼育されていた最後の1頭。この個体の死によって、タスマニアタイガーは絶滅したとされているのだが。

上／1990年と1992年にタスマニアタイガーが目撃された、タスマニア島のクレイドル山。この手つかずの自然の中で、果たして彼らは生き延びているのだろうか（写真＝アフロ）。
右ページ下／西オーストラリア州ギラウィーンに住むケビン・キャメロンが撮影した、タスマニアタイガーとされる生物の写真。左ページ下／2005年、ドイツからの旅行者が撮ったとされるタスマニアタイガーの写真。ただし、真偽は不明だ。

新種認定された？ ピグミーゾウ

No.000045

新生代第4紀更新世の中央アフリカには、あらゆるゾウより小さいピグミーゾウが生息していた。体高は1・5〜2メートル。牙も短く、60〜70センチほど。アフリカゾウの体高が約4メートル、小型のインドゾウでも2・5メートル以上はあるから、いかに小さいかがわかる。

1906年にドイツの動物学者テオドア・ノアクが発行した研究文書で絶滅種とされ、化石でしかその姿を知ることができなかった地上最小のゾウだが、生き残りの噂が絶えずささやかれ、目撃報告が途絶えることはなかった。

1911年、旧ザイール（現コンゴ民主共和国）では、当時、植民地支配していたベルギーのフランセン大佐が、湿地帯を歩く推定体高1・6メートルのゾウを目撃している。当地では、1920年代に入ってからも目撃報告が数多く寄せられており、1948年にはガボンでも体高2メートルの年老いたピグミーゾウが射殺されているのだ。

1969年から16回にわたり、赤道ギニアやカメルーンの森林地帯を現地調査したアルリック・ローダーは極小のゾウの足跡を発見しただけでなく、雄同士の死闘も目撃している。しかしいずれも、写真や映像などの証拠は得られなかった。

だが、1982年5月、コンゴ共和国のリコウアラで旧西ドイツの元コンゴ共和国大使ハラルド・ネストロイが撮影に成功。4頭の成体と2頭の子ゾウが群れをなして歩く姿

ム 認定 AUTHORIZATION

を写真におさめ、ピグミーゾウの健在を明らかにしたのだ。写真の左端にはダイサギという体高約1メートルの大型鳥が写りこんでおり、対比で推定されるゾウの体高は約1・5メートルであることが判明している。ピグミーゾウは現生していたのだ。

ちなみに小型ゾウとしては、2003年に新種の「ボルネオゾウ」が認定されている。だがその名の通り、この種が生息するのはボルネオ一帯である。それが中央アフリカに生息する種と同種であることは証明されていない。

上／1982年5月にコンゴ共和国のリクアラで撮影されたピグミーゾウと思しき集団。4頭の成体と2頭の子ゾウが群れをなして歩いている。

左／2003年に新種として認定されたボルネオゾウ。手前の船に乗った人々と比べると、いかに小さいかがわかるだろう。ただし、この種が生息するのはボルネオであり、中央アフリカに生息するピグミーゾウと同じ種であるかはまだわかっていない（写真＝アフロ）。下右／ピグミーゾウとされる、小型のゾウ。下中／ピグミーゾウ（左）とフォレスト・エレファント（右）の頭蓋骨の比較。明らかにサイズが異なる。下左／左がピグミーゾウのアゴの骨。右と比べるとこちらも明らかに小さい。

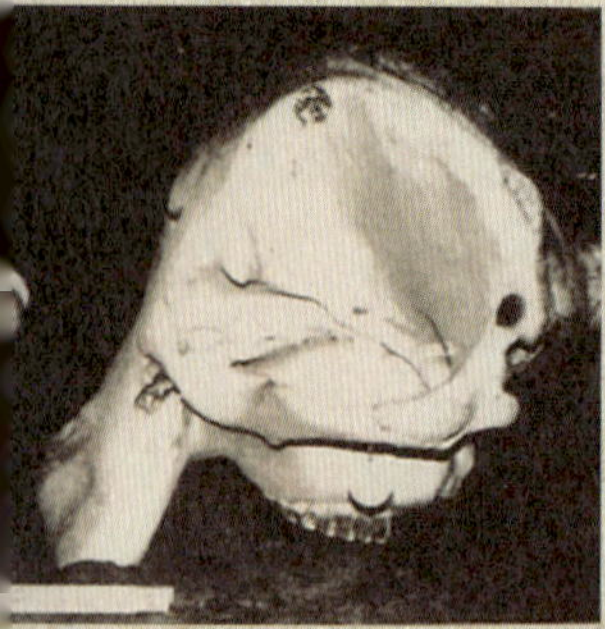

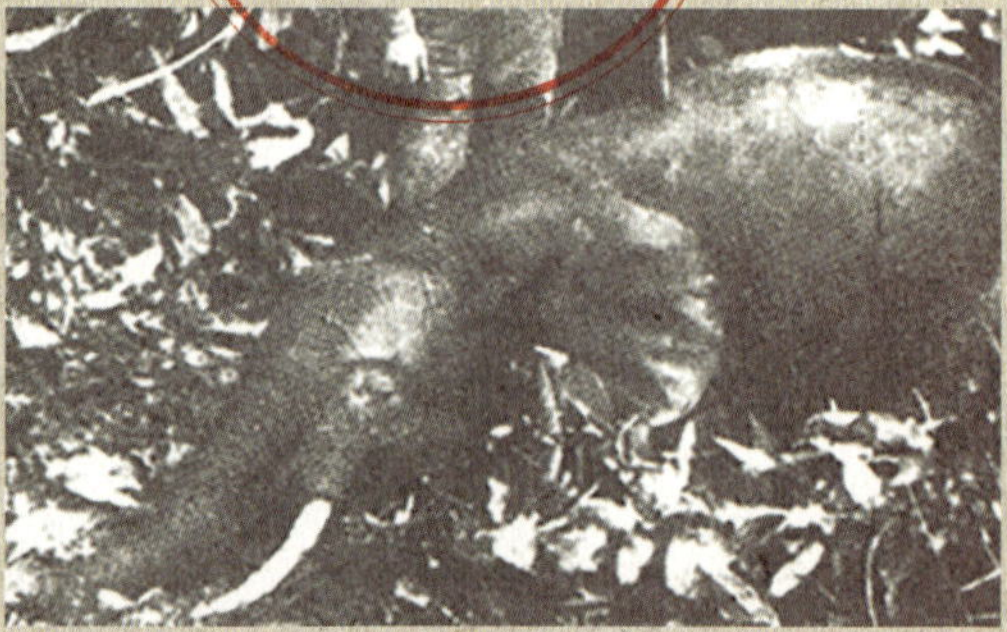

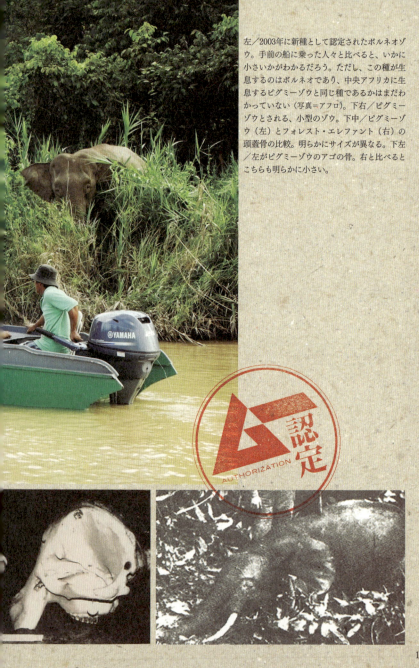

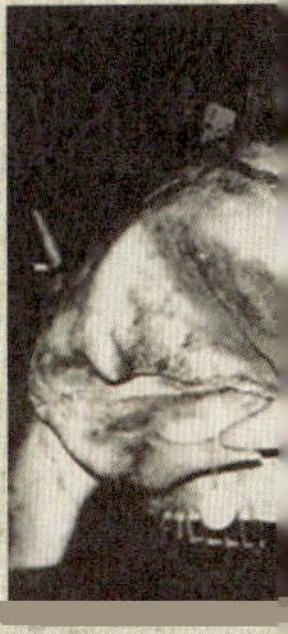

マンモス生き残り伝説と復活計画

No.000046

約400万年前から生息していたとされるマンモス。体高2・8〜3・5メートル。褐色の分厚い毛皮で覆われた巨体に、大きく湾曲した長大な牙を持つ。その化石はロシアを含むヨーロッパ大陸全域、北アメリカ、さらに北海道からも出土しており、マンモスが広範囲に生息していたことがわかる。だが、多くの動植物を絶滅させたウルム氷期を生き抜いたにも関わらず、1万年前に突如として絶滅した。

このマンモスにも現生を期待させる目撃報告がある。たとえば1918年の秋には、ロシア人猟師ウラジミール・ニコライエフ・クルージが、シベリア亜寒帯の大針葉樹林帯（タイガ）で長さ約60センチ、幅約30センチの巨大な足跡を発見。その後彼は、全身を覆う褐色の長い毛、大きく湾曲したキバを持つ巨大な生物と遭遇する。そう、足跡の主はマンモスだったのだ。また、第2次世界大戦中の1943年4月、旧ソ連の捕虜となったドイツの従軍カメラマンがシベリアで撮影したというマンモスの映像もインターネット上で公開されている。真偽は不明だが、まさにマンモスそのものだ。

だが近未来には、われわれはもっと簡単かつ確実にマンモスを「目撃」できるかもしれない。マンモスを現代に復活させる驚愕のプロジェクトが進められているからだ。

2017年、ハーバード大学のジョージ・チャーチ教授が、早ければ2年以内にマンモスを復活させるこ

ム認定 AUTHORIZATION

とができるかもしれないと発言した。
２０１３年にゲノム編集技術「CRISPR/Cas9」が開発されたことによって、人為的なゲノムの置き換えが可能となった。チャーチ教授はその技術を使って、ゾウのＤＮＡの45か所をマンモスのそれと置き換えることに成功したのだ。もちろん、ゲノム編集は容易ではないが、理論上はマンモスの復活が可能となったのだ。この試みが成功すれば、そう遠くない未来に、多くの絶滅生物が地上を再び闊歩する日がくるだろう。

上／第2次世界大戦中の1943年4月に、旧ソ連の捕虜となったドイツの従軍カメラマンがシベリアで撮影したというマンモスの映像。

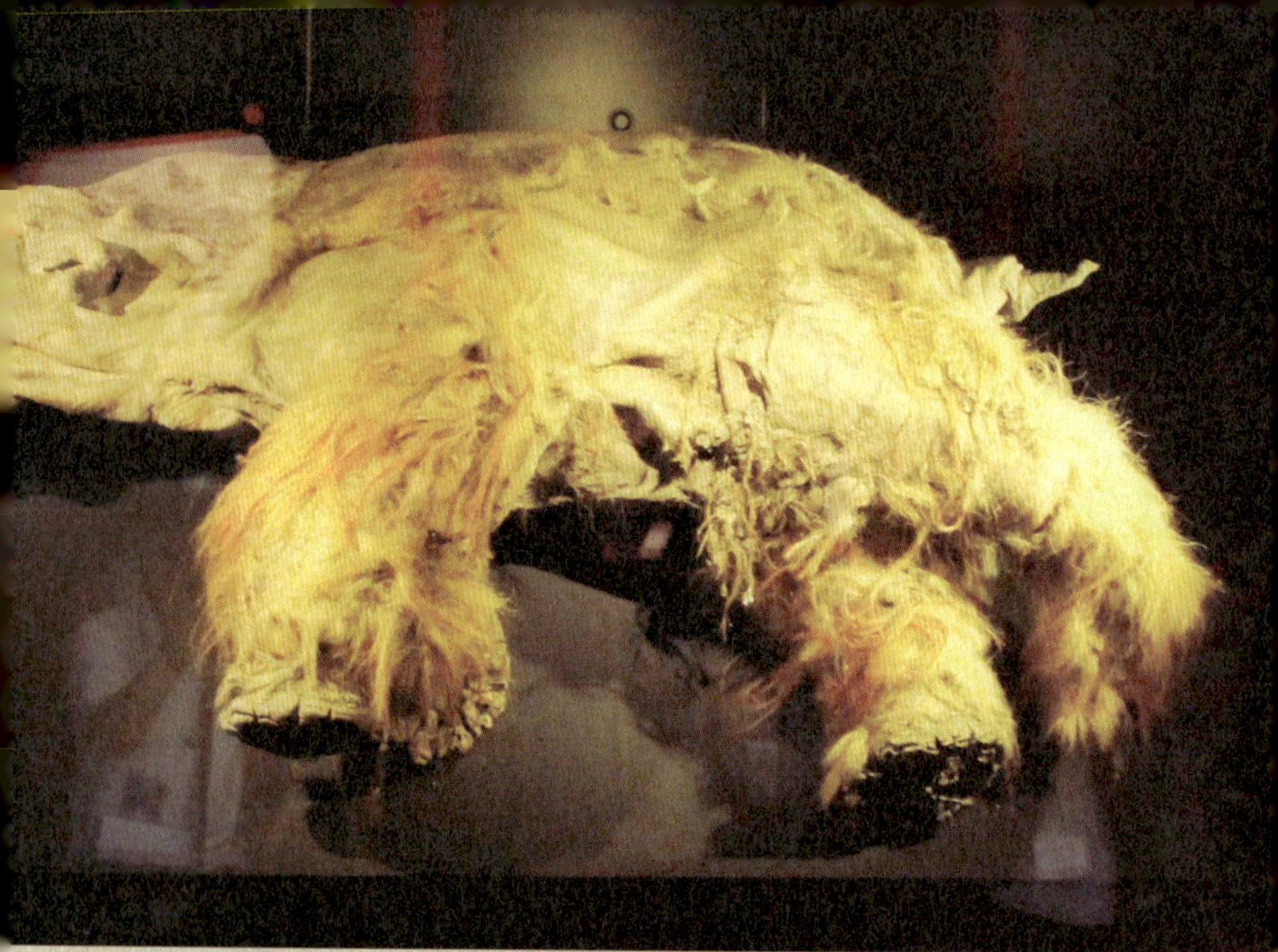

ム認定
AUTHORIZATION

上／2013年に世界で始めて一般公開された、メスのマンモスの子供。その体からは、DNAの採取も可能である（写真＝共同通信）。右ページ下／マンモスの想像イラスト。かつては地球上で広く生息していた（写真＝アフロ）。左上／ロシア・サハ共和国のマンモス博物館で、マンモスの大腿骨から骨髄を採取する。マンモスの復活は、決して夢物語ではないのだ（写真＝共同通信）。左下／こちらもインターネット上で公開された、1943年に撮影された写真。マンモスの特徴である長い牙が目立っている。

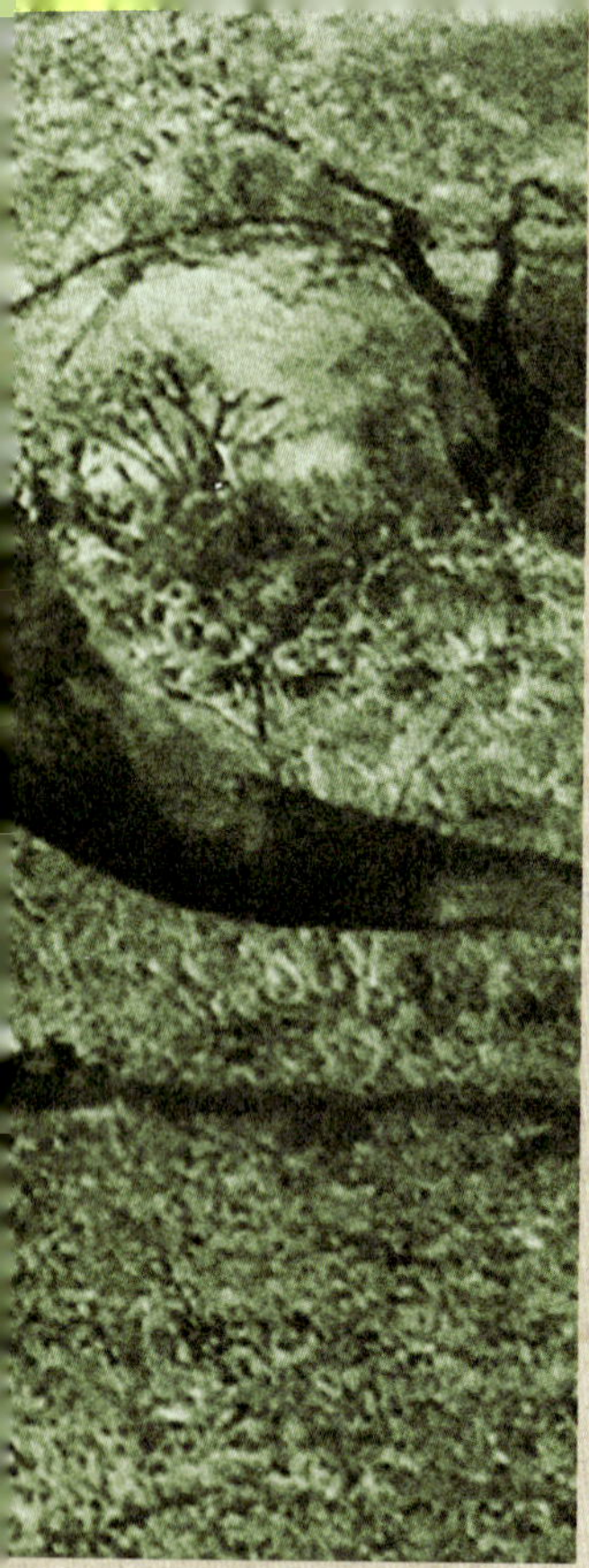

謎の一角UMAエメラ・ントゥカ

No.000047

中央アフリカ一帯には、サイに似た水陸両棲のUMAエメラ・ントゥカが棲むという。コンゴ共和国最北の州リクアラを中心とする沼沢地や、タンガニーカ湖などでは、謎の一角獣が古くから目撃されており、地元民からは「チペクウェ」とも呼ばれている。これは現地の言葉で「ゾウを殺すもの」「水辺のゾウ」という意味があり、サイの角より長く鋭い角でゾウを一突きにするという。

世界的に知られるようになったのは1919年12月のこと。イギリスの新聞「ロンドン・デイリー・メール」紙が「象牙色の一本角をもつ巨大な怪物チペクウェが、ザンビアとの国境付近の湖や、カフーの沼地に生息する」という記事を掲載したのがきっかけだ。1933年には、イギリス人のJ・E・ヒューズが現地調査を敢行し、ワーウシ族からルアプラ川の岸辺でエメラ・ントゥカを殺傷した記録を得た他、怪物の身体的特徴の情報も収集している。それによれば、ゾウに匹敵する巨体に体毛はなく、暗い灰色の肌は滑らか。鼻の上に象牙色の鋭い角を1本生やし、サイのような姿であるという。

1954年、雑誌「哺乳生物」に寄稿されたルシエン・ブランコウの報告も興味深い。リクアナで調査をしていた彼は、原住民が巨大な一角獣の存在を恐れていることや、怪物の仕業と見られる内臓をえぐりだされたゾウやカバの死体の目撃が複数あること、1934年ご

上／第2次世界大戦中、イギリスの軍人がアフリカで撮ったというエメラ・ントゥカの写真（資料提供＝飛鳥昭雄）。

ろにドンゴウ地区で怪物が1体殺された、という情報を報告している。

また、1981年には、シカゴ大学の生物学者ロイ・マッカル博士が現地調査を実施。「首まわりにフリルのようなものがあった」という証言に着目し、中生代白亜紀後期の北アメリカ大陸に生息していた角竜モノクロニウスまたはセントロサウルスや古代サイの生き残り説を提出した。はたしてエメラ・ントゥカの正体は、現代まで生き長らえた太古の角竜なのだろうか？

ム認定
AUTHORIZATION

右／2004年にカメルーンで発見された、エメラ・ントゥカの木彫り像。現地の人々は、その存在を知っていたのだろうか。

右／セントロサウルスの想像イラスト。前見開きの写真と比べてみてほしい。まさにそっくりだ。上／目撃談による、エメラ・ントゥカの想像イラスト。

左／現地の人を襲う、コンガマトーの想像イラスト（イラスト＝久保田晃司）。

翼竜コンガマトーとオリチアウ

No. 000048

人跡未踏の密林や深海に、未知の生物が生き残っていると噂されるように、人類の手の及ばない空にも謎めいた生物の目撃談は数多い。とりわけ恐竜の時代に空を飛んだ、翼竜に似た飛行生物の報告は、世界各地からもたらされている。

アフリカ、ザンビアのムウィニルンガ地方にあるジウンドゥ沼地には「コンガマトー」と呼ばれる怪鳥の伝承がある。黒または赤い滑らかな表皮に羽毛はなく、翼長は1〜3メートル。鋭い歯で満たされたクチバシを持つ。1920年代、地元のカオンデ族が語る怪鳥の伝説を聞いた人類学者フランク・H・メランドが彼らに図鑑を見せたところ、全員がジュラ紀後期に生息した翼竜プテロサウルスの復元図を指さしたという。

また、コンガマトーと近種もしくは同種と思われる怪鳥も、西アフリカの山中奥深くで目撃されている。

1932年から調査をしていたアメリカの著名な動物学者アイヴァン・サンダーソンが、仲間のジョージとカメルーンの山中深くに分け入った際、鷲くらいの大きさで長いクチバシを持った黒い鳥に襲われた。口には白い牙状の歯が上下に並んでおり、彼らを威嚇《いかく》するかのように怪鳥は鋭い歯を何度も見せてから飛び去っていった。

その後、怪鳥は再び現れ、カチ

右／コンガマトーに襲われた、アイヴァン・サンダーソンの著書。表紙の人物がアンダーソン本人である。

カチと歯を鳴らしながら、3メートルはゆうにある巨大な黒い翼を広げ、ヒューッと空気を切り裂く音をたててまっしぐらにジョージに向かってきた。彼がひょいと屈んでかわすと、怪鳥は空高く消えてしまった。

キャンプに戻ったふたりがポーターたちに怪鳥について話すと、彼らは「オリチアウ！」と答えた。サンダーソンが川の方を指さすと、恐怖に駆られたポーターたちは、銃を手に反対方向に走って逃げたという。

アメリカ、シカゴ大学の生物学者で隠棲動物研究家のロイ・マッカル博士は、怪鳥の正体はプテロサウルスだと主張。そしてコンガマトーとオリチアウは、同種である可能性が高いと指摘しているのである。

「生きた化石」シーラカンス

No.000049

地球に生命が生まれてから30数億年――さまざまな種が誕生しては消えていった。だが、絶滅したと考えられていた生物が、突如としてわれわれの前に姿を現すことがある。これらは「生きた化石」と呼ばれるが、最も有名なのは「シーラカンス」であろう。地球上に出現したのは約4億年から3億6700万年前のデボン期といわれている。だが、白亜紀以降の新生代の地層から化石が発見されなかったため、多くの恐竜たちとともに絶滅したと考えられていた。

ところが1938年12月22日、南アフリカのイーストロンドンのカルムナ川沖を航行していたトロール船の網に、無気味な魚がまぎれこんできた。体長約1・5メートル、重さ58キロもあるこの巨大な怪魚は、ベテランの漁師も見たことのない姿形をしていた。

その後、博物館に運びこまれ、同館の研究員やロードス大学のスミス教授によって調査された結果、絶

海中を泳ぐシーラカンス。白亜紀以降、ほとんど姿を変えていない（写真＝アフロ）。

滅したはずのシーラカンスであると認定されたのである。

厳密にいうとシーラカンスは26種に分類されているが、そのうちの1種、ラティメリア・カルムナエとされる。また最初の発見から14年後の1952年には、マダガスカル北のコモロ諸島で2尾目を捕獲。以来、同島沖では200尾が捕獲されており、その沖合の深海が生息域であることも判明している。

さらに1997年、インドネシアのスラウェシ島近海では、別種のラティメリア・メナドエンシスが発見されている。2種ともに、魚類から両生類への進化途上にあるような葉状のヒレを持ち、白亜紀以降、形態の変化がほとんどないことは、世界中の人々を驚かせた。

なぜ彼らは姿を変えることなく、生き残ることができたのだろうか？

これについては、環境の変化が少ない深海が生息域であったからではないかと推測されている。かつては海川を問わず、世界中の水域で繁殖していたというシーラカンス。わずか2種だけではあるが、現生すること自体が奇跡といってもいいだろう。

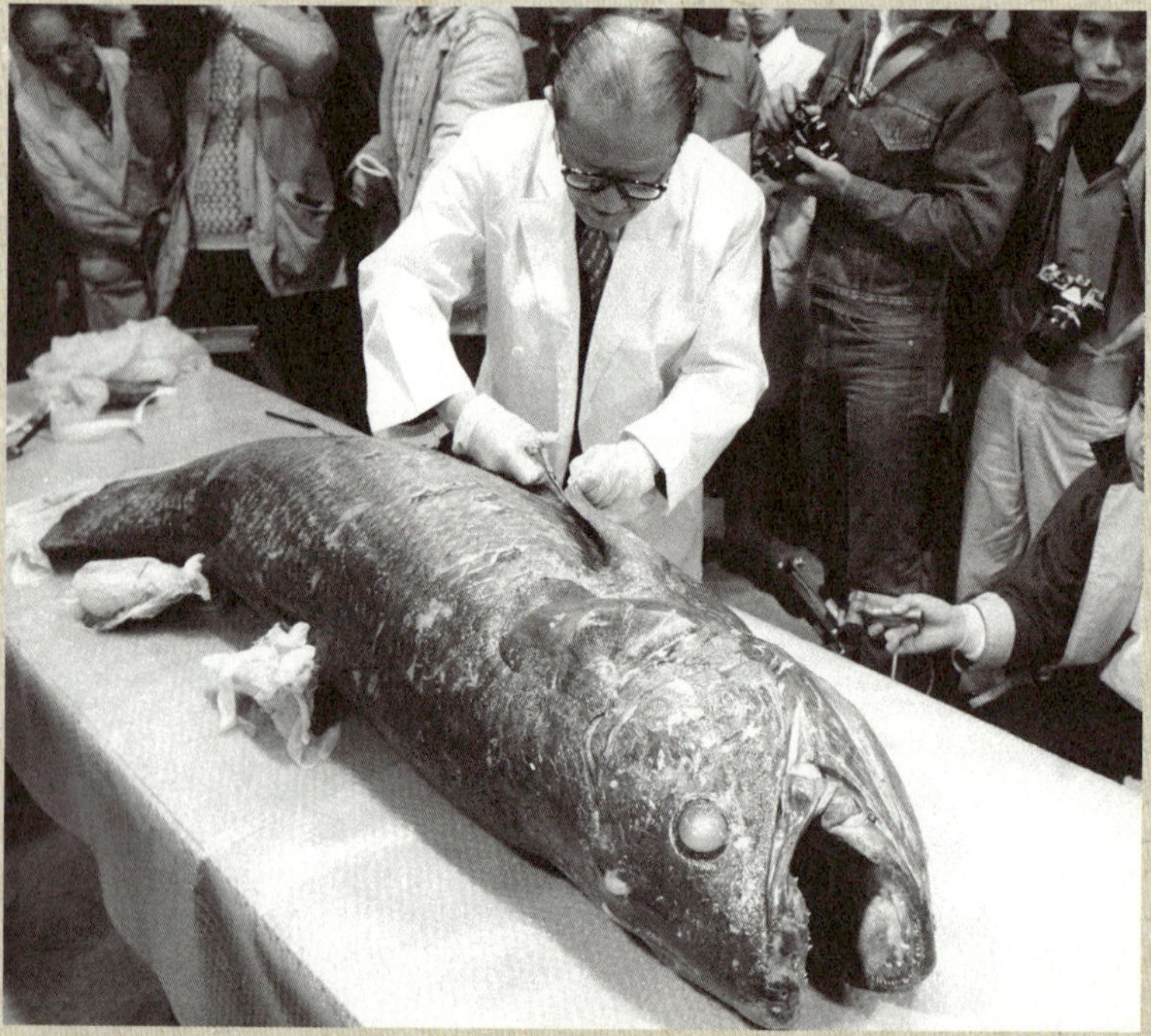

上／1982年に東京の国立科学博物館分館で行われた、シーラカンスの解剖。この個体はアフリカ沖で学術調査隊が捕獲したものだ（写真＝共同通信）。下／2016年、静岡県沼津市の沼津港深海水族館に展示されたシーラカンスの剥製。典型的なシーラカンスのイメージといえばこれだろう（写真＝アフロ）。

タンザニアの政府機関で冷凍保存されているシーラカンス。1938年の発見以来、これまでに数多くのシーラカンスが捕獲されている（写真＝共同通信）。

南極ゴジラと古代獣デスモスチルス

No. 000050

新生代第3紀中新世（約2300万〜530万年前）中期、北太平洋の沿岸地域にデスモスチルスという水陸両棲の哺乳類が生息していた。化石から、体長は約2・5メートル。頭骨はやや細長くウシに似ているが、胴回りや足は、カバに似ていることがわかっている。ちなみに化石は、樺太（サハリン）や北海道、岐阜などからも見つかっている。

このデスモスチルスに似た怪獣が、1958年、日本人によって目撃されている。同年2月13日、南極観測船宗谷は、アメリカ沿岸警備隊の砕氷艦バートン・アイランド号に続いて、南極を出港した。午後7時すぎ、操縦室にいた松本船長は、前方500メートルの海面に黒っぽい動物のようなものが浮かんでいるのを発見。

「なんだ、あれは？」

船長の声に促されるように、操縦室にいた全員が見ると、海上にドラム缶のようなものが浮いていた。

よく見ると動物で、生きているようだ。しかし、どう見ても、南極で目にしたどの生物とも形態が異なる。胴回りは大きく、カバのようにも見えた。しかしアフリカ大陸にのみ生息するカバが南極にいるはずがない。

と、そのとき、その動物が顔をもちあげて宗谷のほうを向いた。

「怪獣だ！」

だれかが叫んだ。面長のウシのような顔に光るふたつの目。10センチほどの長さの耳がふたつ。黒褐色の体毛が全身を覆っていた。怪獣は30秒ほどで、海に潜ってしまった。

松本船長らの証言から、明らかにクジラやイルカとは異なる。事実、ある隊員は「背中にノコギリの刃のようなヒレがついていた」と語っており、松本船長はこの怪獣を「南極ゴジラ」と命名している。

その正体は、南極に生息する未知の生物かもしれない。しかしウシに似た頭部を持ち、海洋を住処《すみか》とするカバに似た生物といえば、デスモスチルスの生き残りである可能性が否定できないのである。

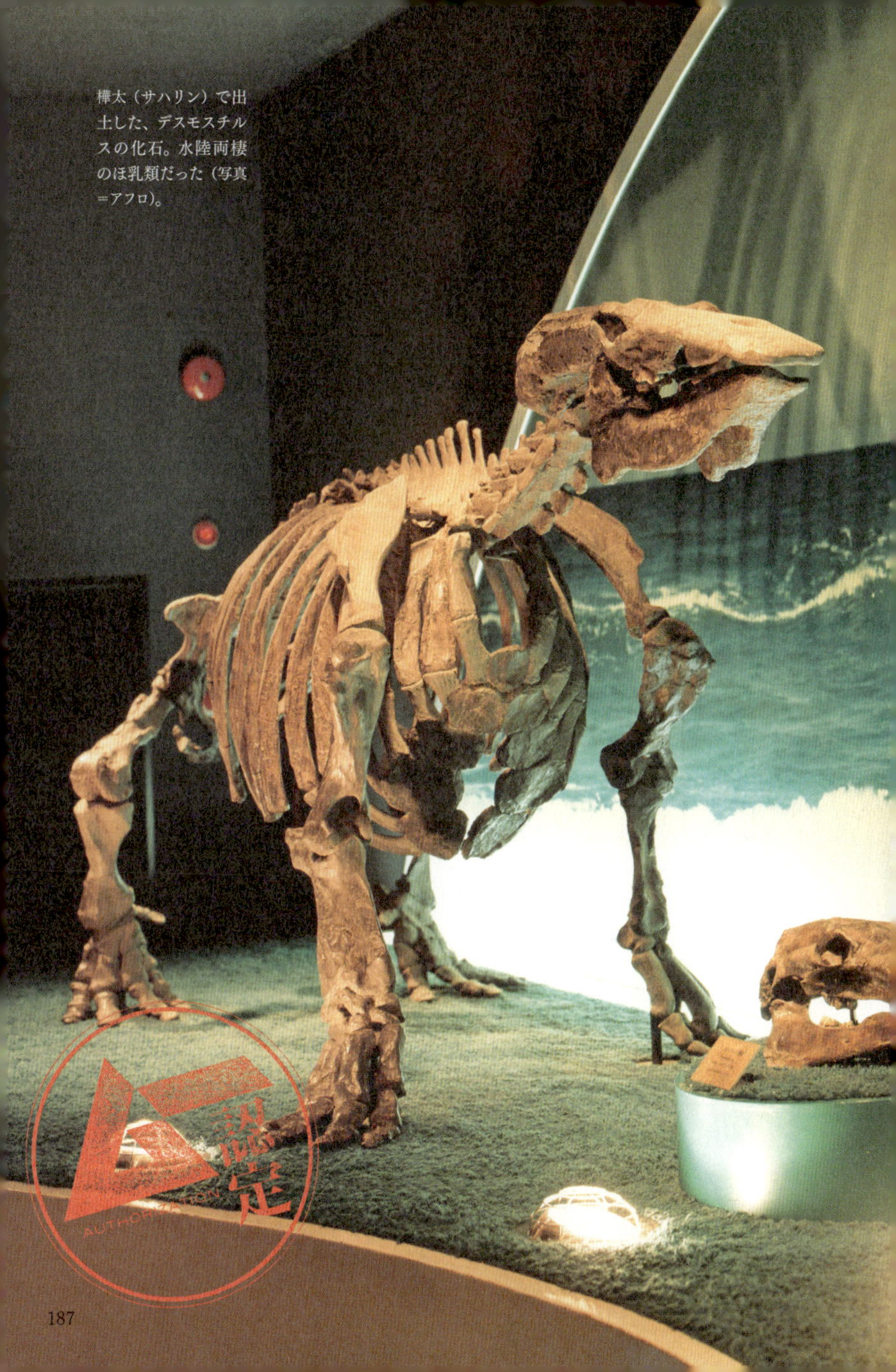

樺太（サハリン）で出土した、デスモスチルスの化石。水陸両棲のほ乳類だった（写真=アフロ）。

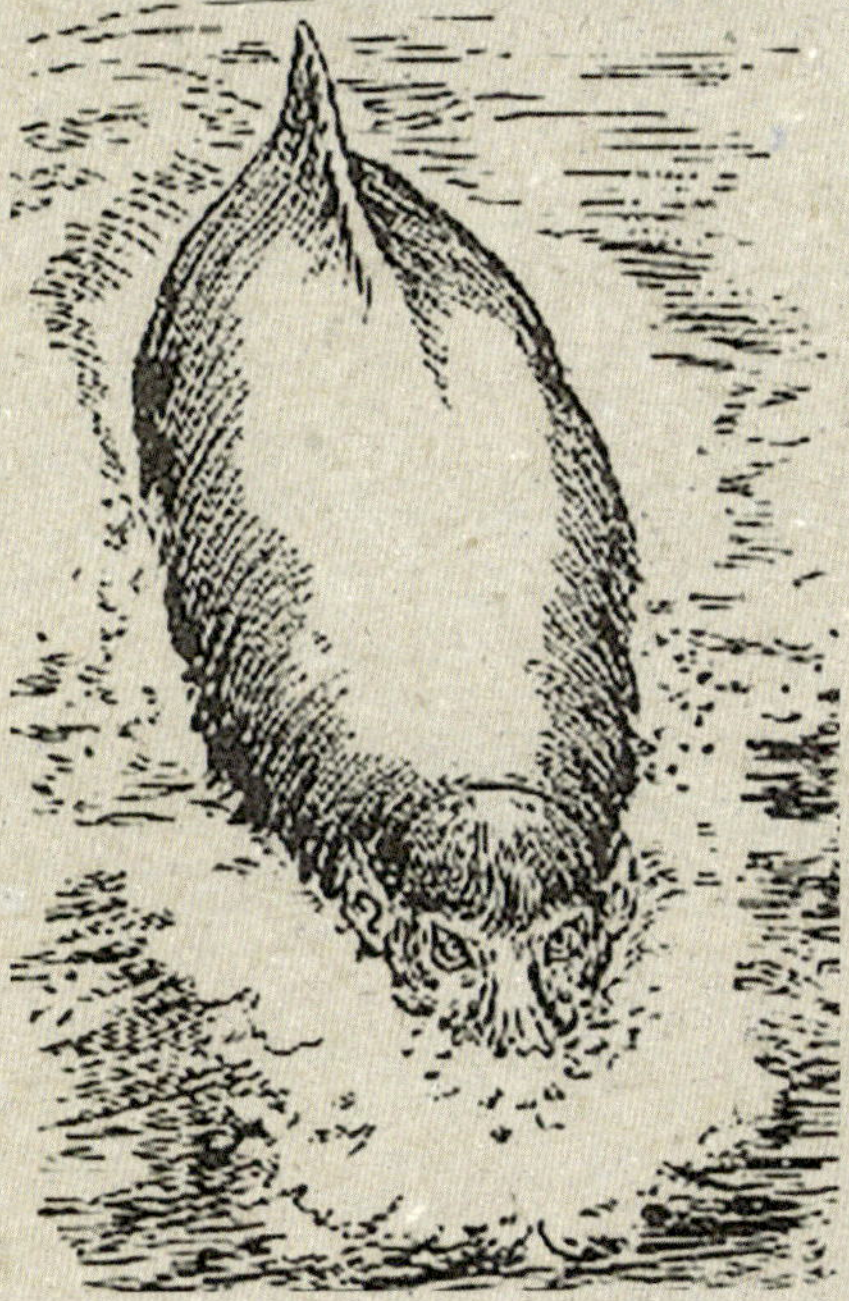

右／デスモスチルスの復元イラスト。かつては日本列島にもこの怪獣が棲んでいたのである（イラスト＝久保田晃司）。上／北海道足寄町の足寄動物化石博物館に展示されているデスモスチルスの化石標本（写真＝アフロ）。下／松本船長によって「南極ゴジラ」と命名された海獣のスケッチ。

幻のニホンオオカミ

No.000051

　タイリクオオカミは北半球に広く分布するが、生息域は年々狭まっており、一部は絶滅あるいは絶滅の危機に瀕している。かつては日本にも2種類――北海道にエゾオオカミ、本州にニホンオオカミが生息していた。エゾオオカミは頭胴長120～130センチで、尾長は27～40センチ。体色は黄色っぽく、尾や前足の一部が黒色。ニホンオオカミは頭胴長95～114センチで、尾長は30センチとやや小柄。環境の変化に適応し、夏と冬で毛色が変化したという。ともに明治時代に絶滅したが、その道筋は異なる。

　エゾオオカミの絶滅は、開拓団が家畜を守るため、駆除の対象としたことが最大の原因だ。毛皮は売買の対象とされ、1896年に函館の毛皮商が毛皮を扱った記録を最後に〝消息〟は途絶えた。

　ニホンオオカミの場合、「狂犬病の感染」「エサの減少」「狼信仰を起因とする乱獲」「イヌと交雑が進行」などの諸説があるものの、絶滅原因の特定には至っていない。1905年に奈良県（1910年、福井県説もある）で捕獲されたのを最後に、生存の確認は途絶えた。

　ただし、生存説は今も根強く残る。

　1973年には和歌山で、1996年には秩父山系で、2000年7月にも大分県祖母山麓で、ニホンオオカミに似た動物の目撃や撮影がなされているのだ。多くはタヌキやキツネ、野犬の誤認とされているが、大分で撮影された写真は、ニホンオオカミ研究の第一人者で、元国立科学博物館動物研究部長の今泉吉典博士や国立科学博物館の小原巌科学教育室長（当時）、オランダ・ライデンにある自然史博物館のスミンク博士（当時）といった専門家たちが、口をそろえて「ニホンオオカミによく似ている」とコメント。

　近年ではクローン技術による復元や、生態系の修復を目的とした近似種オオカミの〝再導入〟も俎上にあがっているが、本物のニホンオオカミが生きていてほしいと願うのは、筆者だけではないだろう。

上／和歌山大学所蔵のニホンオオカミの剥製。世界にもわずか6体しかないうちの1体だ（写真＝共同通信）。右上／ニホンオオカミの学術イラスト。

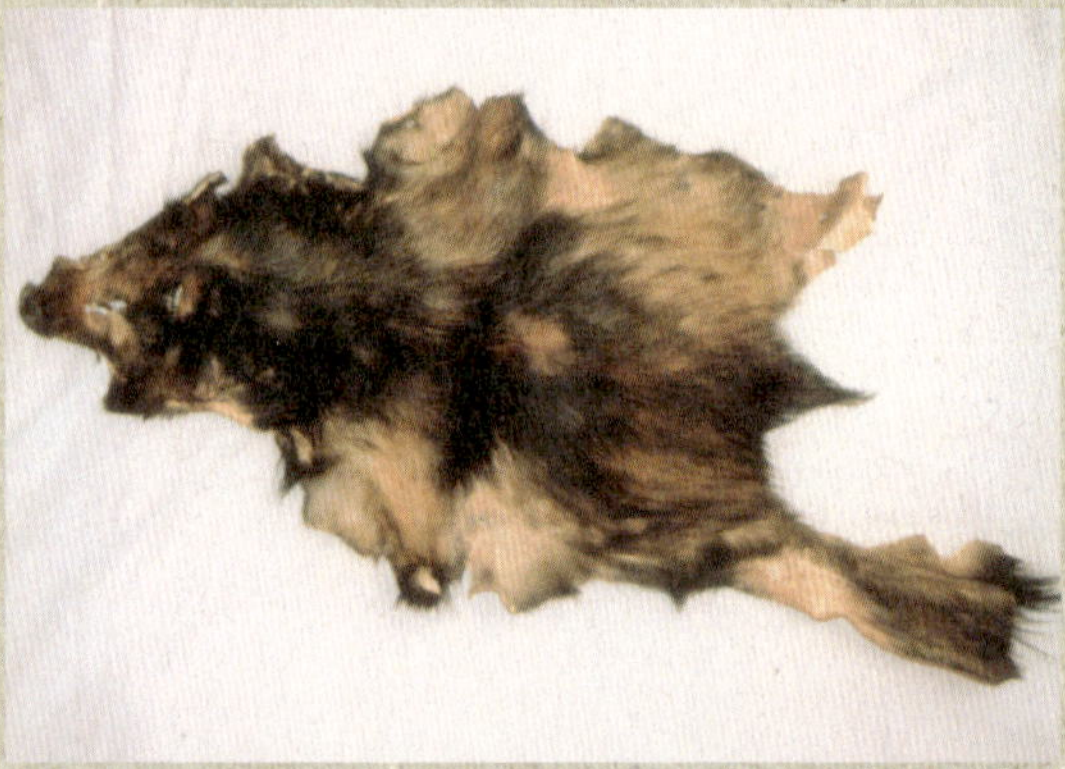

右上／1973年に和歌山県田辺市の山中で見つかった、ニホンオオカミに似た生物の死体（写真＝共同通信）。右中／岩手県二戸市の民家に保管されていた、ニホンオオカミのものと思われる毛皮（写真＝共同通信）。右下／埼玉県秩父市の鍾乳洞で見つかった、ニホンオオカミのものと思われる牙（写真＝共同通信）。

上／和歌山県で見つかったニホンオオカミの頭骨。このように日本には各地で、ニホンオオカミが生きていた痕跡が見られる（写真＝共同通信）。

化石大陸に潜むジャイアント・カンガルー

No.000052

かつてオーストラリア大陸には、「ステヌルス」という巨大なカンガルーが生息していた。体長は3メートルにも及び、ジャイアント・カンガルーとも称される。この巨大種は、10万年前まではオーストラリア大陸に広く分布していたという。

1978年8月、イギリスの「デイリーミラー」紙が、オーストラリア州西部のパースでこのジャイアント・カンガルーが目撃されたと報道し、動物学者たちを困惑させた。

同紙によると、パース在住の自然学者デビッド・マッキンリーが愛犬のジェイソンを連れ、自宅周辺を散歩中にその事件は起きた。いつものように背の高い薮をかきわけて歩いていたそのとき、突如として巨大なカンガルーが躍りでてきたのだ。身長は成人男性のおよそ3倍、胴回りも2倍はある。ひるむデビッドに対し、カンガルーはデビッドのすねよりも太い前足を大きく広げ、威嚇《いかく》するように近づいてくる。

とっさにデビッドは持っていたカメラを巨大カンガルーに向け、シャッターを切った。その瞬間、ジャイアント・カンガルーは足を蹴りあげると、8センチはあろうかというツメで彼のジーンズを破り、足に噛みついてきた。デビッドは必死で逃げようとしたが、巨大な足で背中を蹴り倒され、もんどりうった。背中を踏みつけられ、死を覚悟したそのとき、間一髪でジェイソンがカンガルーの尾に噛みついた。恐れをなしたのか、ジャイアント・カンガルーは立ち去っていったという。

通常のカンガルーは、後ろ脚と尾は発達しているが、前足は貧弱だ。人間の足よりも太い前足を持つカンガルーなどいない。だが、デビッドの写真のそれは明らかに前足が異様に太く、一般に知られるカンガルーでないことは明白だ。とはいえ、これがジャイアント・カンガルーの生き残りであると証明する物証もない。ただ、当地が自然を多く残した「化石大陸」オーストラリアであることを考えると、信じたくなるのは筆者だけではないだろう。

左／デビッドが撮影したジャイアント・カンガルー。周囲に大きさの判別できるものが写っていないことから一般的なカンガルーであるという意見もあるが、それだけでは異様に太い前足を説明することはできない。

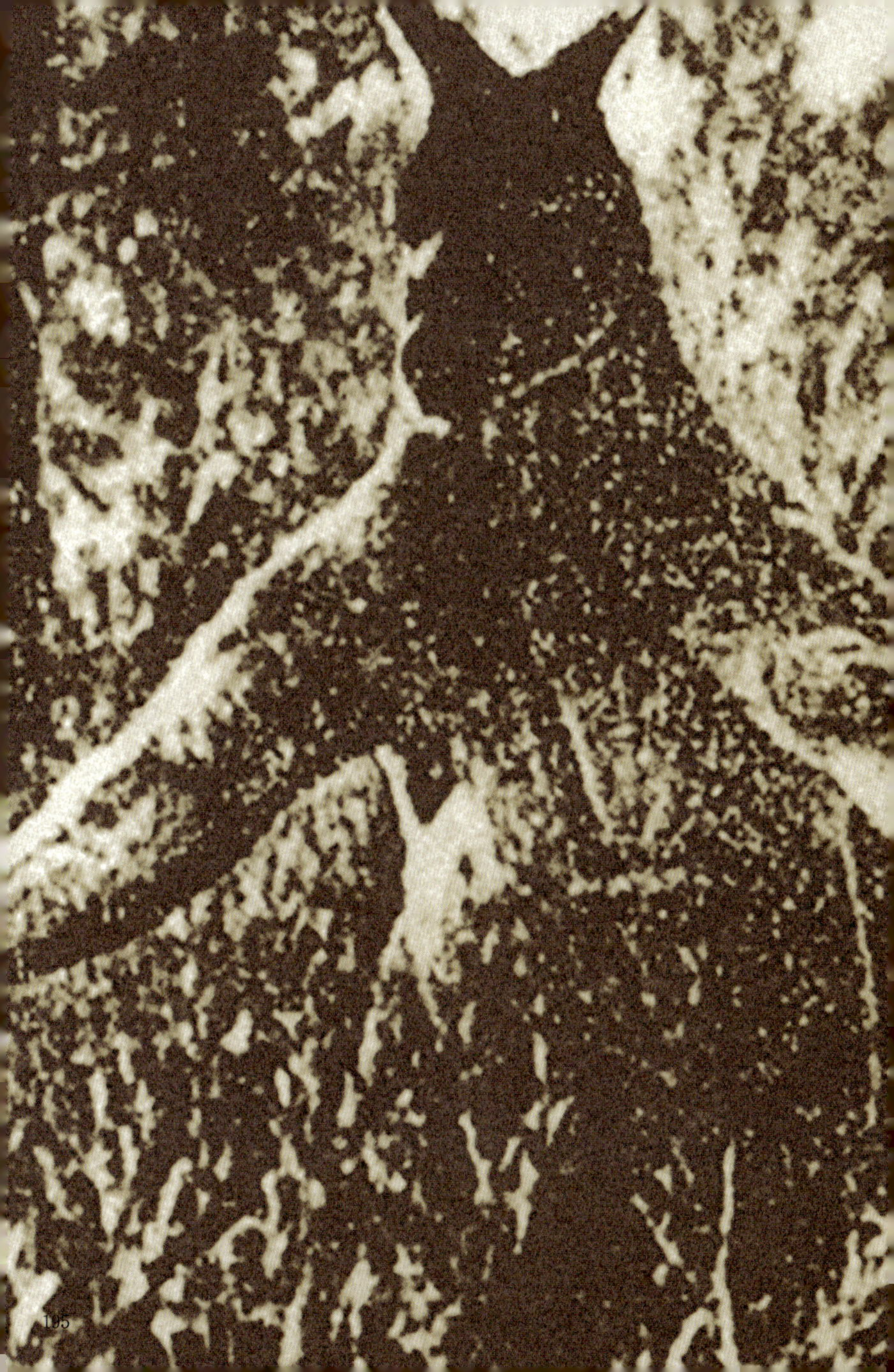

北海道と奄美、沖縄を除く日本列島のほぼ全域で目撃されるツチノコ。体長は30〜80センチだが、胴の幅は7〜15センチとかなり太めだ。頭は三角形で、首はくびれている。尾は極端に細くて短く、色は黒、焦げ茶、灰色……背には大きな斑紋《はんもん》がある。

目撃の歴史は古い。縄文土器にはツチノコそっくりな「動物」が象られているし、『古事記』にも「ノヅチ」という神が登場する。「ノヅチ」は、鎌倉時代の仏教説話集『沙石集』や、江戸時代中期の『和漢三才図会』などにも

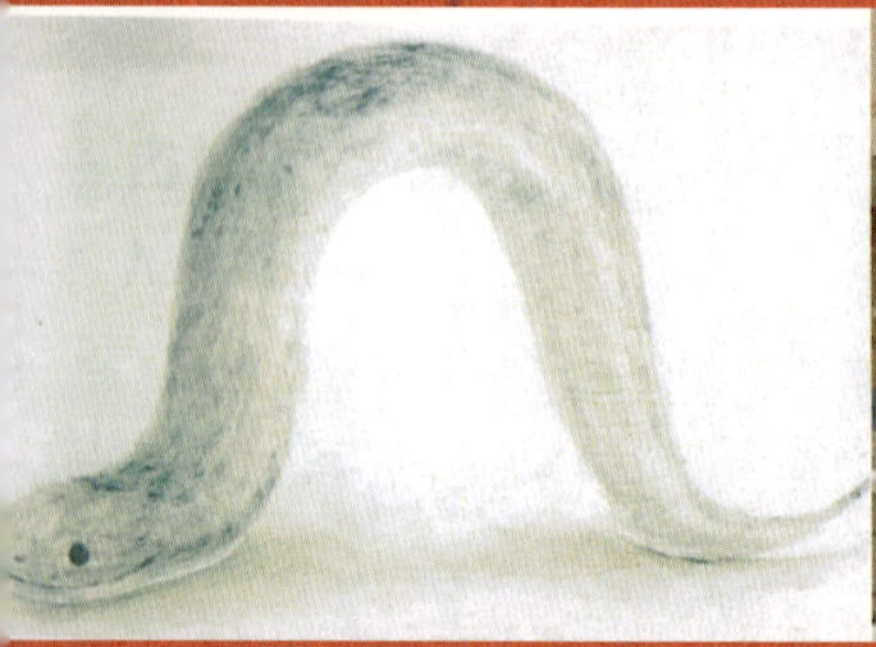

チノコ

出てくる。

だが、一般に知られるようになったのは、1972年、田辺聖子が「朝日新聞」に小説『すべってころんで』を連載したのがきっかけだ。この小説は翌年、NHKでテレビドラマ化されるのだが、なんと物語中で主人公がツチノコ捜しを行うのだ。

さらに1974年には矢口高雄が少年誌に『幻の怪蛇バチヘビ』の連載を開始。子供たちの間でも大ブームが起こり、日本全国で認知されるようになったのである。

No.000053-No.000057

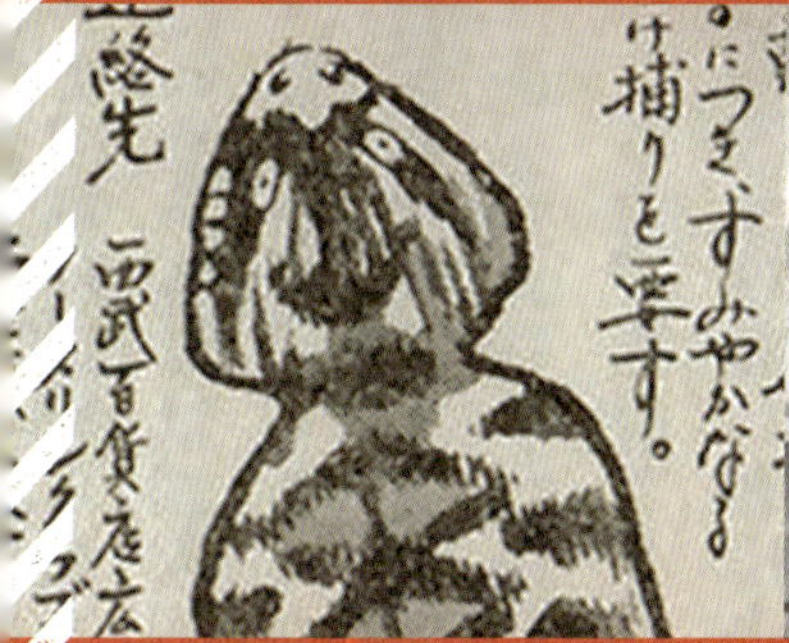
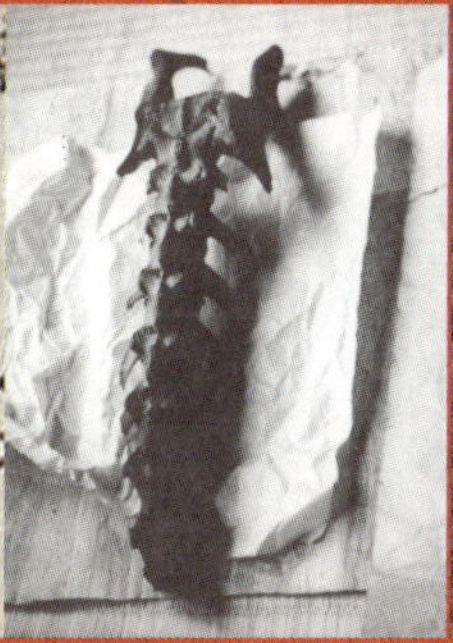

8章 怪蛇ツ

ツチノコを食べた男

No. 000053

　幻の怪蛇ツチノコは、時代や地方によって呼び名が異なり、長野県北部などでは「ツツマムシ」と呼ばれている。そしてこの長野県で、ツツマムシを食べたという男性がいる。

　1969年6月29日、下高井郡山ノ内町で農業を営む徳竹則重氏が、木島平にマムシを捕りにいったときのことだ。徳竹氏はマムシが発する特有の栗の花の匂いを求め、馬子《まご》背谷《せや》に足をのばした。当地にはカヤぶき屋根の炭焼き窯がたくさんあり、屋根が朽ちた古窯にはマムシが潜んでいることが多いのだ。それをひとつひとつ覗いていたとき、嗅いだことのない異臭が漂う窯があった。目をこらして見ると、窯の底に妙なものがいる。トグロを巻かず、下腹部で立っている。胴体は丸太棒のように太くて短い。

「マムシじゃないぞ……」

　見たことのない怪蛇に、徳竹氏は長さ2メートルのヘビ捕り棒を差し出した。次の瞬間、それは高々とジャンプし、腹ばいになっている徳竹氏の肩先をかすめた。振り返ると、近くの草むらに影が見える。棒を差しこむと、さらに3メートルほど跳び、カヤの株の真ん中に飛びこんだ。見ると尻の先にネズミを思わせる短い尻尾があり、横に曲がっている。背中はゴマ粒色で、黒っぽい銭形の斑点が6つずつ2列に並ぶ。その斑点の中心は、薄いエビ茶色だった。

　その後、怪蛇がじっとしているところを棒で押さえこみ、徳竹氏は捕獲に成功する。体長は45センチほどで肋骨は横に張っている。太い胴の腹側は白く、ウロコが大きかった。目は陰険で鋭く、左右の目の直前に黒褐色のイボのようなものがあり、目が4つあるように見えた。

　もしもこれが本物のツチノコであれば、貴重な捕獲事例となる。だが徳竹氏はこの怪蛇を、食べてしまったのだ。あとに残されたのはマムシよりもずっと脂っこかったという感想だけだ。だが、ツツマムシ＝ツチノコの生態を伝える事例であることに変わりはないだろう。

認定
AUTHORIZATION

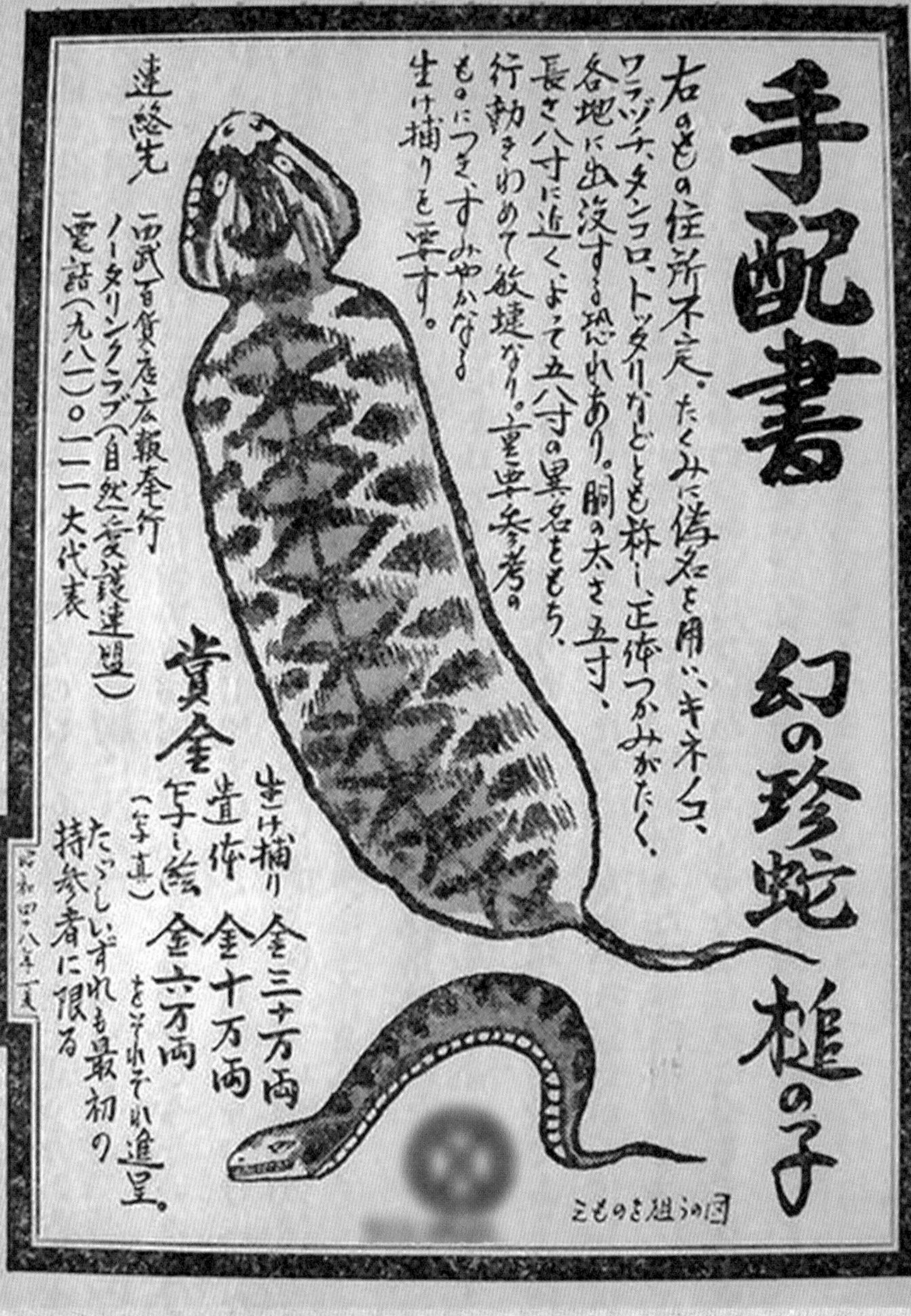

上／ツチノコブームのさなかの1973年、ある百貨店が、ツチノコの手配書をポスターにした。そこには生け捕り賞金は金30万両とある。

上／2009年に山形県で見つかった、ツチノコらしき生物の死骸。写真は腹の部分（写真＝加藤玲／写真協力＝山口直樹）。左ページ／ツチノコの骨とされるもの。だが、詳細は不明だ。左／一般にイメージされるツチノコのイラスト。太く丸い胴体と、三角形の比較的大きな頭。ネズミのような短い尾が特徴とされる。

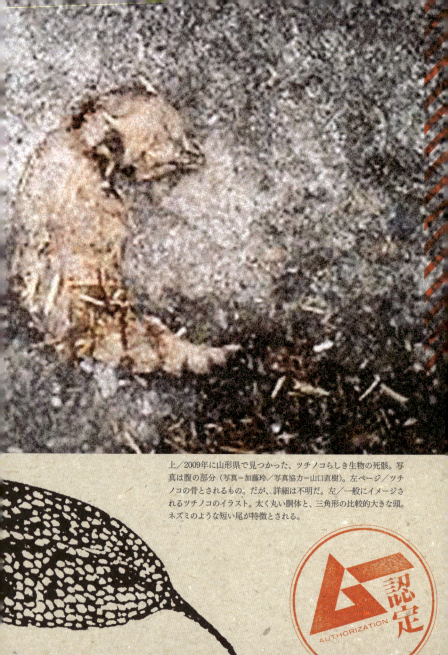

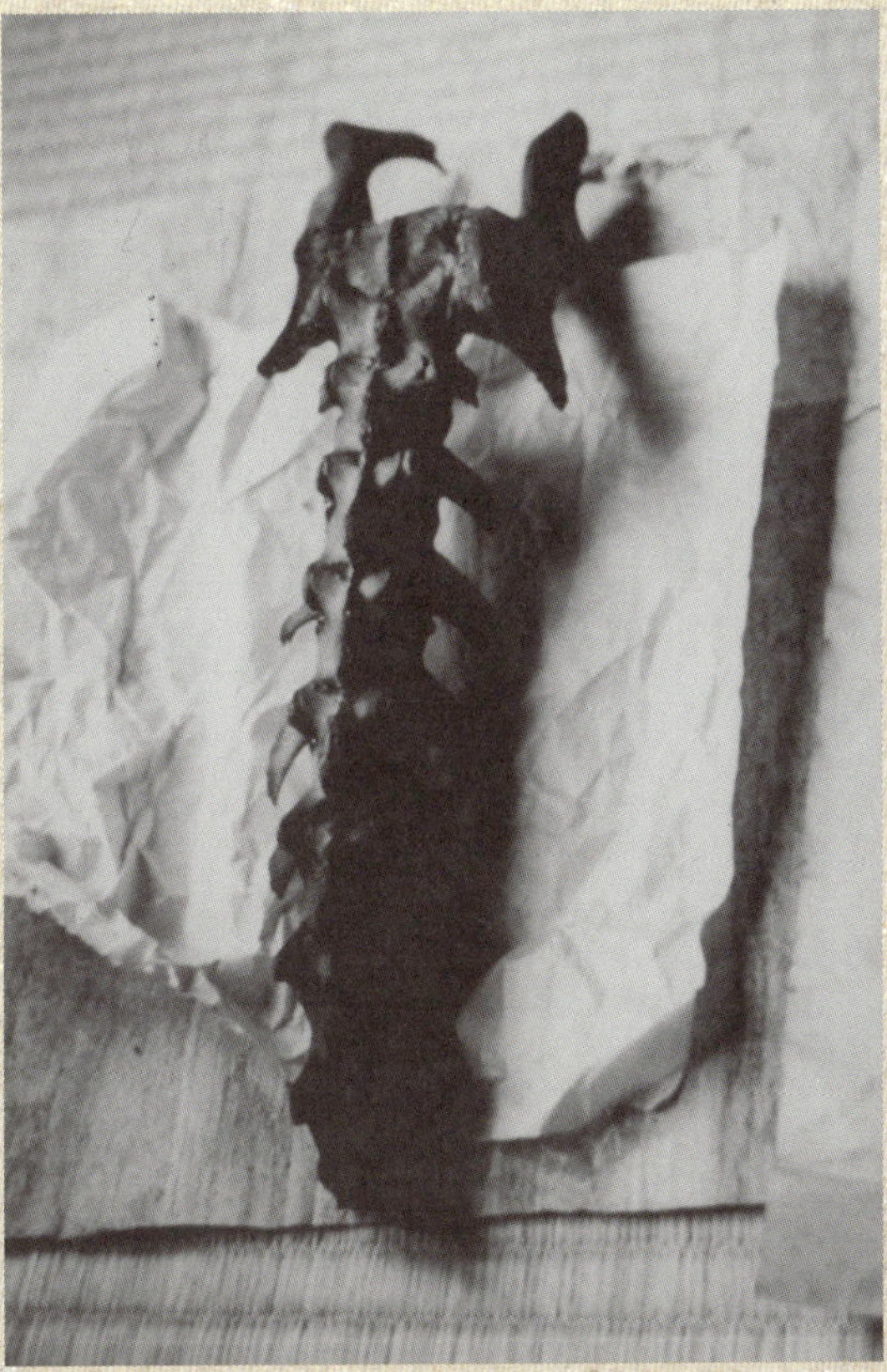

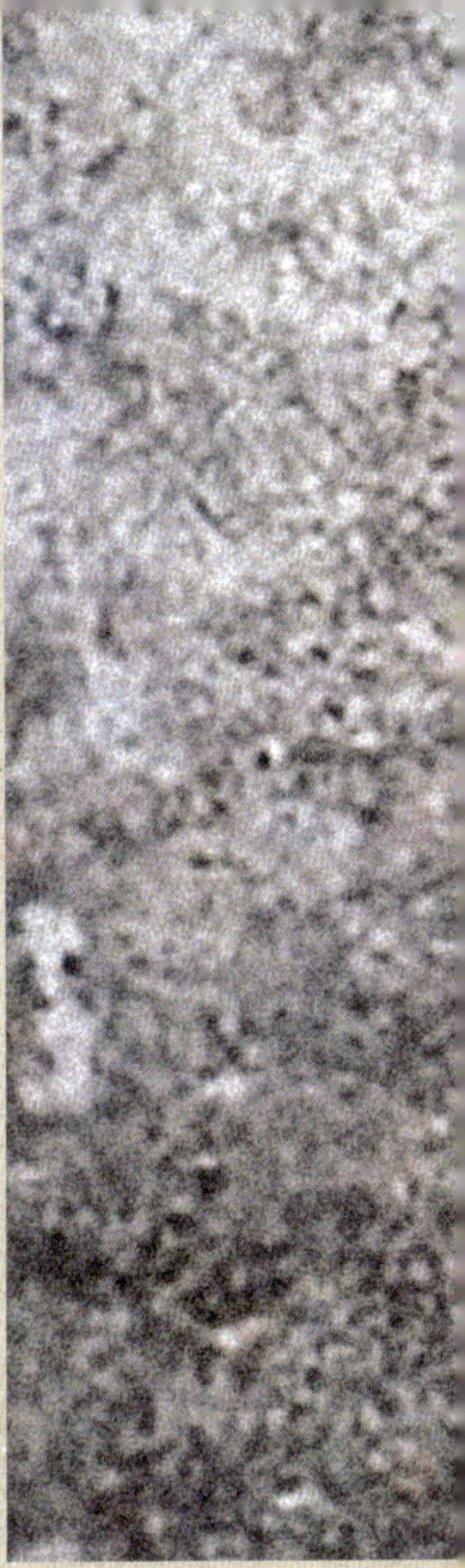

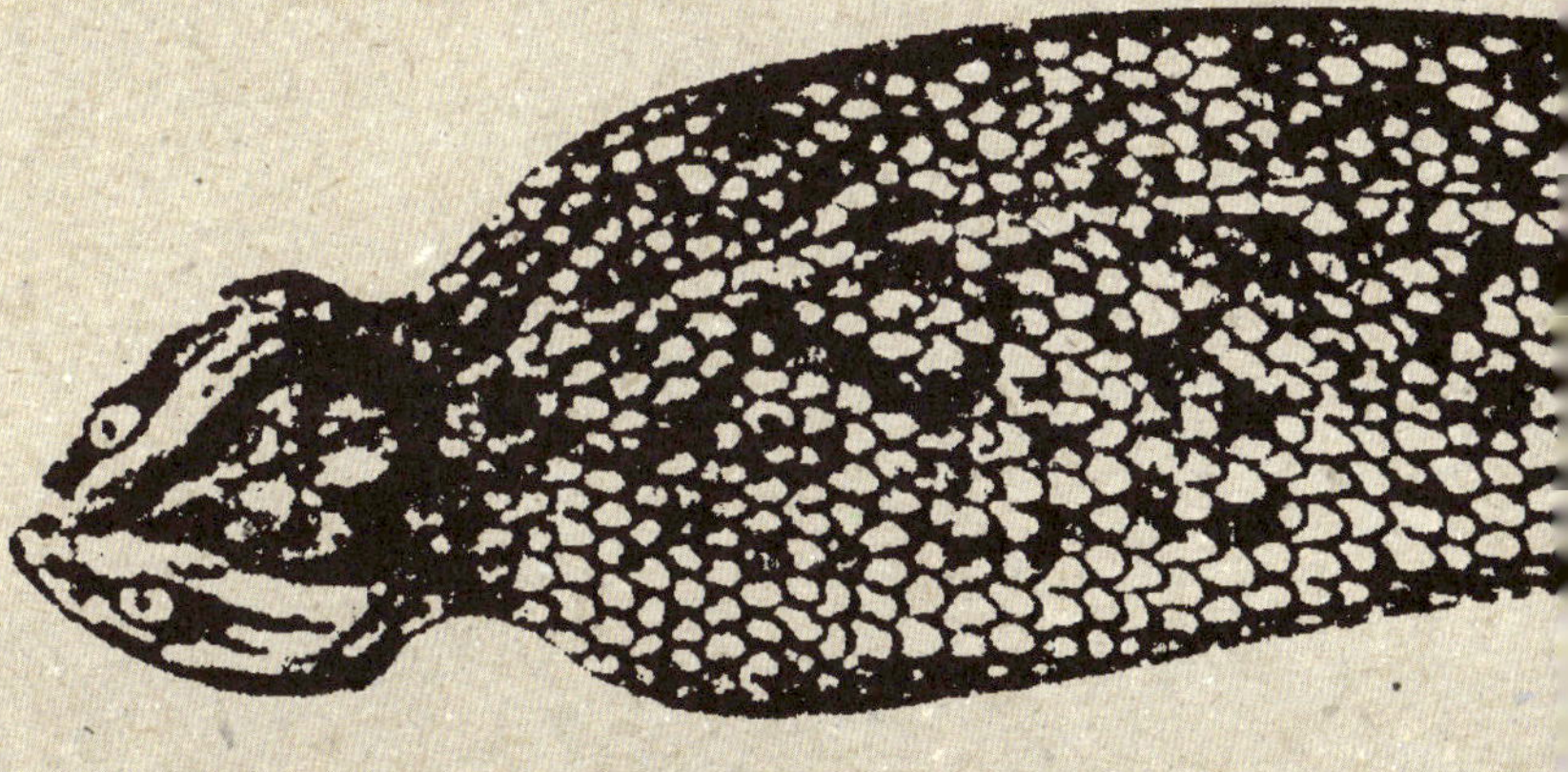

東白川村のつちのこ神社

No. 000054

岐阜県の山村、加茂郡東白川村では、昭和初期からツチノコとの遭遇が数多記録されてきたという。農作業中に茶畑や桑畑で見た、崖から転がり落ちてきた、自宅の近くで見たという例があり、なかには自宅の中に侵入してきたというものまである。当地では生活環境に密接した目撃事例が多く、〝ツチノコ密度〟の高さがうかがい知れる。

1970年代の第1次ツチノコブームのときには、村の古老たちが想像図を見て、「こんなもん何度も見たことがある」と口ぐちにいい、その正体を「つちへんび（土蛇）」だと語ったという。これは古くからこの一帯で語り継がれた怪物で、その姿を見ると災いが起こるとされた。それゆえ当地では、つちへんびを目撃しても、ふれ回るようなことは控えられてきたのだという。もしかしたらそうした風習があることが、ツチノコの生息しやすい環境を作りだしたのかもしれない。平成に入り、目撃事例は減ったそうだが、かつてこの地に、瓶のような胴体に三角形の頭をもつつちへんび＝ツチノコが大量に棲息した可能性は高い。

ちなみにこの村では、毎年5月になると村をあげて「つちのこフェスタ」なるイベントを開催している。高額賞金を掲げて行われるツチノコ捜索には、村外からも多くの人が参加し、その規模は3000人にも及ぶという。

実は、このイベントの開催とともに、当地では「親田槌の子神社」（つ

上／つちのこ神社の脇に建てられた「槌の子神社之碑」。東白川村には、ツチノコの存在が深く根付いている。

ちのこ神社）まで創建されている。驚いたことにそのご神体は、ツチノコの死骸だというのである！　これは1959年に発見された死骸だというが、一度は土葬されたため、残念ながら掘り直した土の一部を祀っているという話だ。

また当地では、2009年9月5日に、貴重な目撃写真が撮られており、つちへんびが棲息している可能性は高まっている。近い将来、つちへんびが土塊と化した姿ではなく、生きた姿でわれわれの眼前に現れてくれることを期待したい。

認定
AUTHORIZATION

つちのこ神社の社。祭神は土に還ったツチノコの死骸だという。

上／つちのこ神社の社の前に置かれた、まさにツチノコを思わせる奇妙な物体。左／東白川村の辻には、何気なくツチノコの手配書が立てられている。生け捕り賞金は100万円以上だ。下／東白川村の今井さん夫妻が、1987年11月3日の午後5時に、山と田の境にある側溝で目撃されたツチノコのスケッチ。長さ約45センチ、幅約10センチだったという。

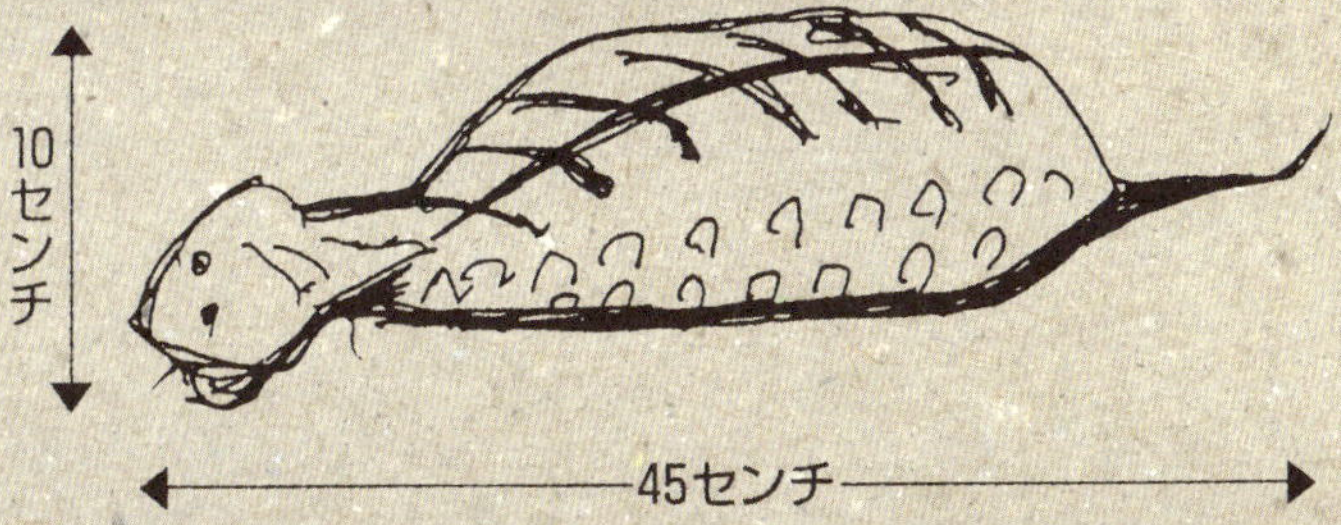

東白川村のつちのこ館。ここではツチノコが
存在することは、昔からの常識なのである。

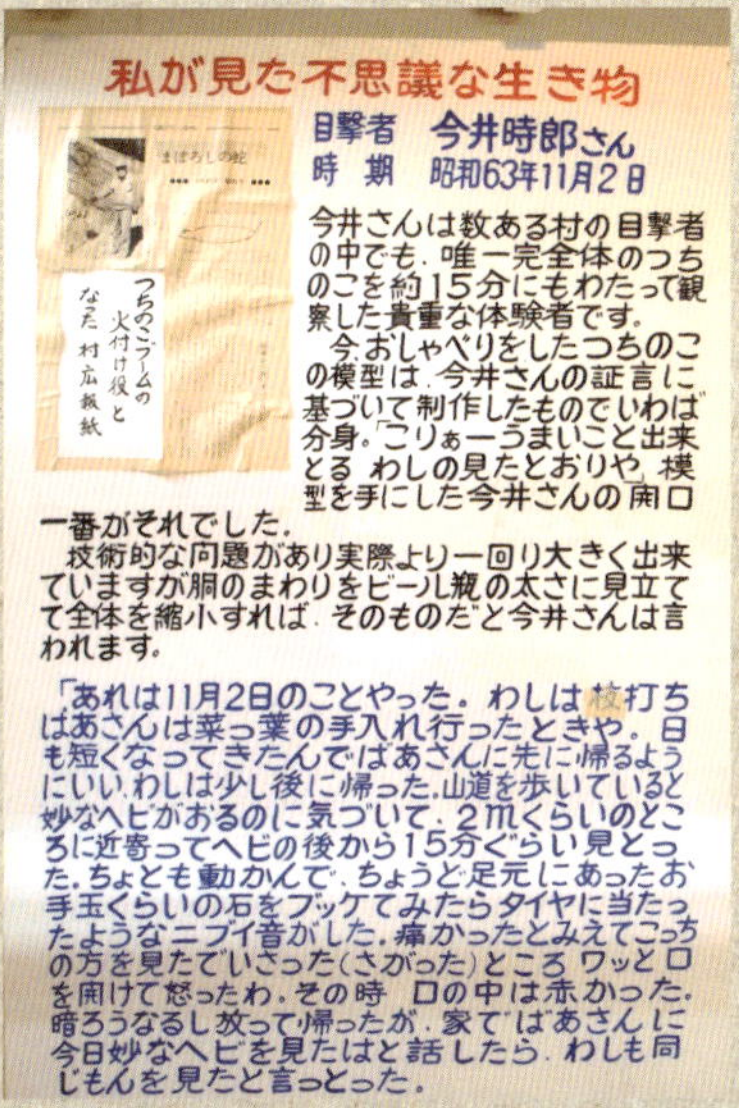
私が見た不思議な生き物
目撃者　今井時郎さん
時　期　昭和63年11月2日
つちのこブームの火付け役となった村広報紙
今井さんは数ある村の目撃者の中でも、唯一完全体のつちのこを約15分にもわたって観察した貴重な体験者です。
今おしゃべりをしたつちのこの模型は、今井さんの証言に基づいて制作したものでいわば分身。「こりぁーうまいこと出来とる わしの見たとおりや」模型を手にした今井さんの開口一番がそれでした。
技術的な問題があり実際より一回り大きく出来ていますが胴のまわりをビール瓶の太さに見立てて全体を縮小すれば、そのものだと今井さんは言われます。
「あれは11月2日のことやった。わしは枝打ちばあさんは菜っ葉の手入れ行ったときや。日も短くなってきたんではあさんに先に帰るようにいい、わしは少し後に帰った。山道を歩いていると妙なヘビがおるのに気づいて、2mくらいのところに近寄ってヘビの後から15分ぐらい見とった。ちょとも動かんで、ちょうど足元にあったお手玉くらいの石をブッケてみたらタイヤに当たったようなニブイ音がした。痛かったとみえてこっちの方を見たでいさった（さがった）ところ ワッと口を開けて怒ったわ。その時 口の中は赤かった。暗ろうなるし放って帰ったが、家でばあさんに今日妙なヘビを見たはと話したら、わしも同じもんを見たと言っとった。

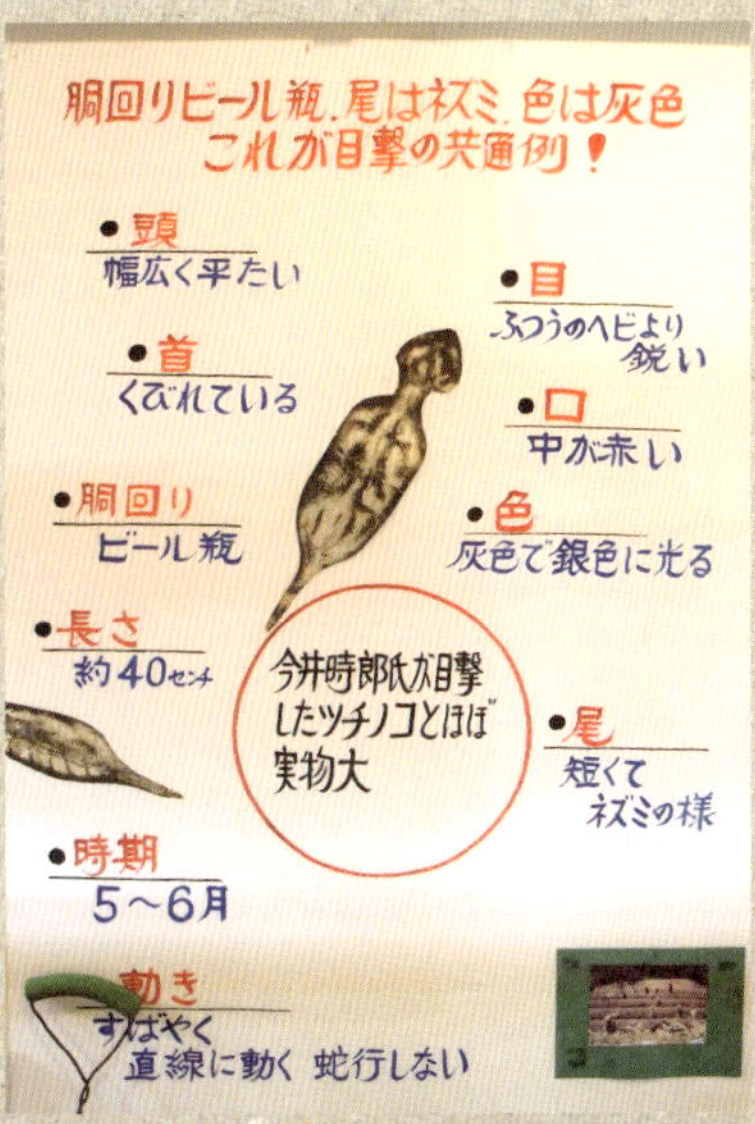
胴回りビール瓶、尾はネズミ、色は灰色
これが目撃の共通例！
●頭
幅広く平たい
●目
ふつうのヘビより鋭い
●首
くびれている
●口
中が赤い
●胴回り
ビール瓶
●色
灰色で銀色に光る
●長さ
約40センチ
今井時郎氏が目撃したツチノコとほぼ実物大
●尾
短くて ネズミの様
●時期
5〜6月
●動き
すばやく 直線に動く 蛇行しない

つちのこ型石器
飛驒民族考古館

上右／つちのこ館の展示の一部。代表的なツチノコの特徴が簡潔にまとめられている。上左／こちらもつちのこ館の展示。村内におけるツチノコの目撃談が、詳細に綴られている。下右／つちのこ館にはさまざまな資料や、いかにもツチノコを彷彿とさせるような木の根も展示されていた。下左／これも展示物のひとつ。岐阜県で発見された、ツチノコを思わせる縄文時代の石器について説明されている。

ツチノコの足

No.000055

幻のUMAツチノコだが、江戸時代中期に発刊された日本初の図説百科事典『和漢三才図会《わかんさんさいずえ》』には「野槌蛇《のづちへび》」として怪異な姿絵とともに紹介されている。そればかりか、『古事記』にも、野の神「野槌神《のづちのかみ》」として登場しているし、ツチノコを象ったとされる6000年前の縄文時代の石器も存在するのだ。

そのツチノコは常に、ヘビの延長線上にある存在として語り継がれてきた。だが、実は足が生えているといったら驚くだろうか？

この情報をもたらしてくれたのは、知友の霊能力者、柴俊子さんだ。20年以上も前の話だが、取材で山形県の怪奇スポットを巡っていたとき、興味深い話を聞かせてくれた。

「ツチノコって、本当はそこいらへんにいるのよね。昔はよく見たもの。ワラジみたいに平べったくて、すばしっこい。足があって、チョロっとした尻尾もあってね」

ツチノコに足がある？　これは筆者も聞いたことがなかった。だが柴さんは、足があるから素早く動けるのだと主張する。ツチノコの特徴のひとつとして驚異的な跳躍力が挙げられるが、足が生えているとしたら、その足で大地を蹴っているのだろうか？　これが事実だとしたら、ツチノコはわれわれの想像するような生き物ではないのかもしれない。

専門家たちはツチノコの正体を、マムシやヤマカガシが小動物を呑みこんだ姿、あるいはそれらの奇形種だと主張するが、目撃者は口を揃えてそれを否定する。彼らは皆、マムシが小鳥や野ネズミを呑みこむ姿を目にしたことがあり、明らかにそれとは違うというのだ。そうした仮説のひとつに、柴さんの証言に近いアオジタトカゲも挙げられているが、姿形はもちろん、模様がまったく異なると彼女は主張する。

ツチノコは本当はどんな姿をしているのか？　遭遇したことがない筆者には断言できない。だが、いつの日かその存在が明らかになる日が訪れれば、「ツチノコには足がある」と記されるのかもしれない。

上／江戸時代の妖怪絵師、鳥山石燕による「野槌《のづち》」。おそらく、ツチノコを描いたものと思われる。左／『和漢三才図会』に掲載された「野槌蛇」。

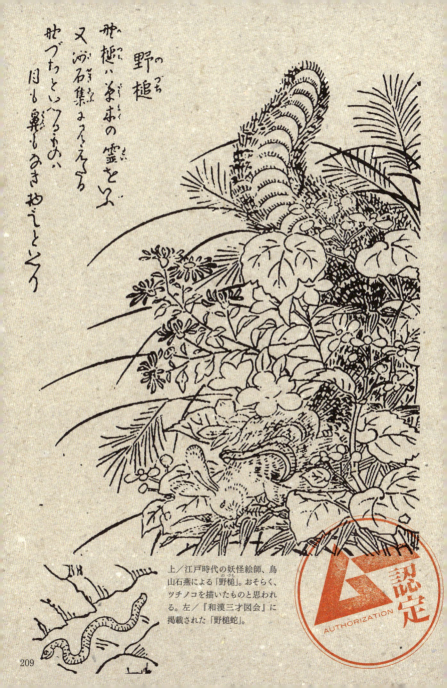

死を招く妖蛇ゴハッスン

No.000056

1980年代には、全国でツチノコの目撃事件が頻発している。兵庫県の丹波地方、多紀郡篠山町（現篠山市）後川下に住む石田はるえさんと石田タカさんも、怪蛇を目撃したという。

1983年5月の連休明けのことだ。自宅近くにあるサセン谷と呼ばれる険しい谷の中腹へ山ブキを採りに分け入ったふたりは、ザワザワと草がこすれ合う不思議な音を耳にした。その方向へ視線を向けると、その場にふたりは釘付けになってしまう。深く生い茂った草むらに、奇妙な生物がいたからだ。

オオサンショウウオのようにも思えるが、足はない。体長は50センチほどだろうか。胴体はビールの大びんほどの太さがあり、その前後に親指ほどの頭と申し訳程度の尻尾らしきものが生えていた。村では「人の交通事故はないが、ヘビとの交通事故はしょっちゅうある」というほど、ヘビの出現率が高い。ふたりもマムシを手づかみで捕らえ、マムシ酒にしてしまうほど慣れっこだった。だがその怪蛇は、これまで目にしたどのヘビにも似ていない。

「ゴハッスンだ！」

そのときふたりは、いい伝えのヘビを思いだし、腰も抜かさんばかりに驚いた。そして転がるようにして村に逃げ帰り、身振り手振りで当地区総代の石田喜義さんに見てきたことを話して聞かせたという。

この村ではツチノコのことをゴハッスンと呼んでいる。その名は奇怪

な容姿——太さが5寸（約15センチ）、丈が8寸（約24センチ）であることに由来するという。ゴハッスンは毒をもち、人間に飛びかかる化け物として恐れられていた。「ゴハッスンに体を越されたら死ぬ」という伝承があるほどだ。

この村には、終戦のころにも谷に入った少女がゴハッスンと遭遇したという話がある。またその一か月後にも、同県西部の音水渓谷でツチノコらしき生物が目撃されている。

兵庫県にはいまも、ツチノコが潜んでいるのかもしれない。

上／長さ24インチ、太さ15センチ。そのサイズから丹波地方では、ツチノコは「ゴハッスン」と呼ばれた。これは岡山県赤磐市吉井町で目撃されたツチノコのスケッチ。

上／岐阜県東白川村のつちのこ神社に置かれていた古い木槌。ゴハッスンは、このようなイメージだろうか。

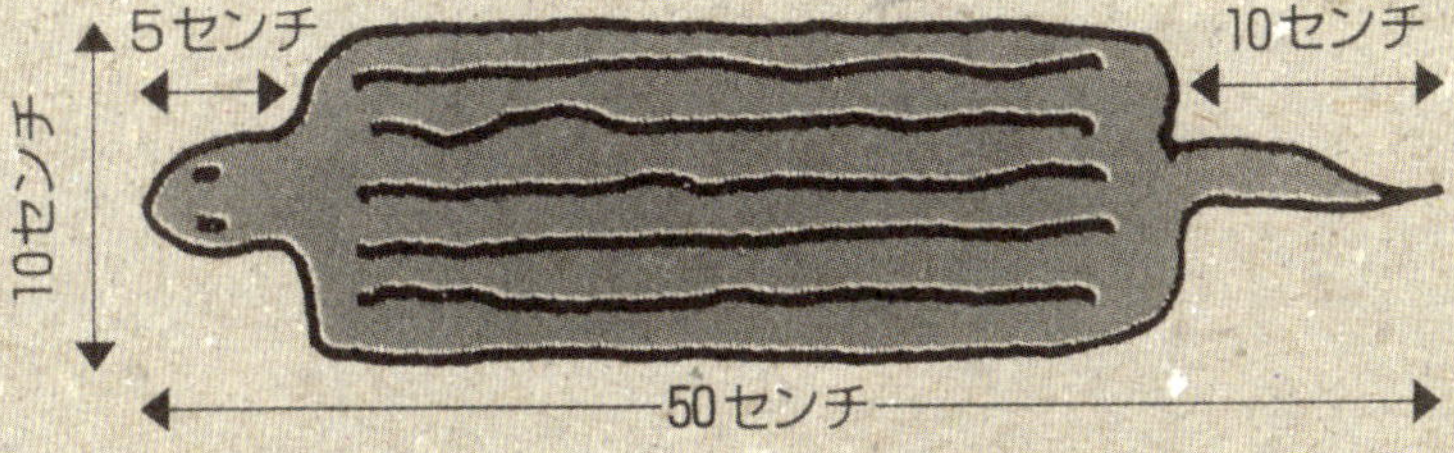

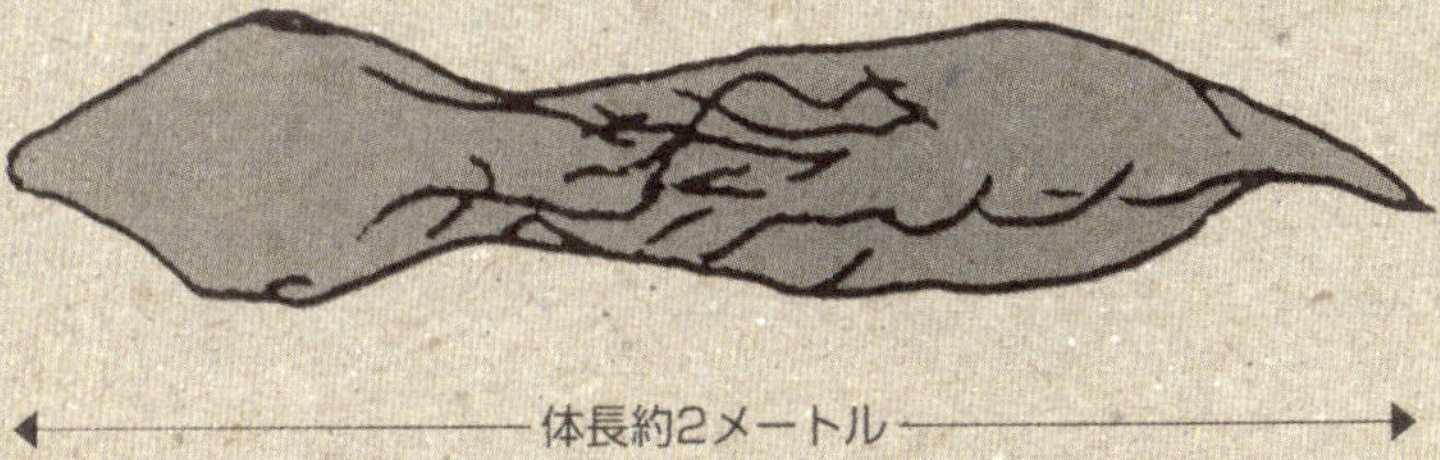

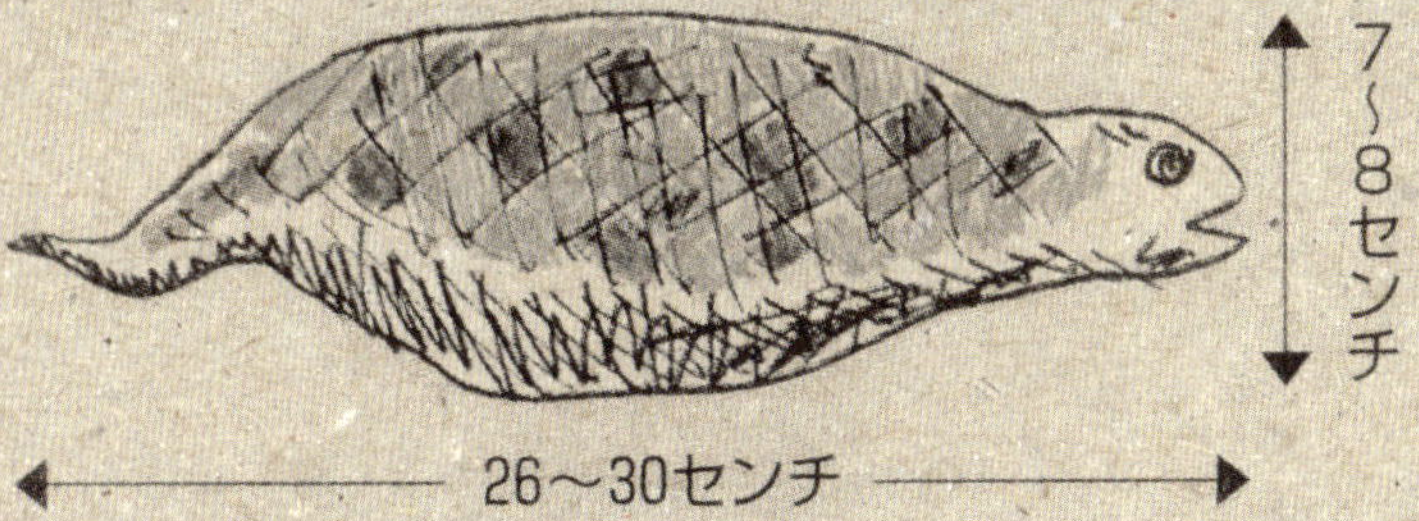

上／兵庫県多紀郡の山中で目撃されたツチノコのスケッチ。その姿はサンショウウオに似ていたという。中／岐阜県美濃市で目撃されたツチノコのスケッチ。なんと、体長が約2メートルもあったという。下／福岡県で目撃されたツチノコのスケッチ。長さは26〜30センチ、太さは7〜8センチだから、もっともゴハッスンのイメージに近い。

用水路に浮かんだ白いツチノコ

No.000057

深い藪や山中での目撃が多いツチノコだが、用水路を泳ぐ姿が目撃された珍しいケースがある。目撃者で、デザイナーの永井ミキジ氏がその奇妙な光景に出くわしたのは、25年前のこと。当時学生だった永井氏は、兵庫県尼崎市にある用水路に「白っぽいような、肌色のもの」が浮かんでいるのを見つけた。そのときはネコなど小動物の死骸としか思わなかったが、帰宅後にもなぜか気になって仕方がない。そこで現場に戻った永井氏は用水路の柵につかまりながら、異形の存在をカメラにおさめたのだという。よくよく見れば扁平の棒状の形をしていて、体長はおよそ60センチ。魚ともヘビともつかない、不可思議な形をしていた。

「撮りながらじっくり見ましたが、頭部らしき場所に鼻とかの穴がなくて……。ヌメッとした質感で、水流に任せてゆらゆらしていて、生きているのか死んでいるのかもわかりませんでした」

翌朝になると「白っぽい何か」は消え、二度と現れることはなかった。後日、現像した写真をクラスメイトに見せると「ツチノコだ!」と指摘する者もいたが、多くは気持ち悪がって一瞥《いちべつ》しただけで、正体を確

左上/永井氏が用水路で見つけた、水に浮いた白いツチノコらしき死骸。下/目撃者で、デザイナーの永井ミキジ氏。

かめようとはしなかったそうだ。珍しい生き物を撮影できたと思っていた永井氏は落胆し、自分でも薄気味悪くなってしまい、ほとんどの写真をネガと一緒に焼却してしまった。

後年、唯一残っていた写真を永井氏の友人が海洋大学の教授に見せたところ、アルビノのボラの可能性を指摘された。だが、狭くにごりきった用水路で、アルビノの個体が60センチ以上に成長できるまで生き残れるかは疑問が残る。何より、これほど目立つ個体の目撃例がそれまでにないのも不自然だ。

そもそも兵庫県では、ツチノコの目撃例が非常に多い。だとすればこの死骸は、アルビノのツチノコだったのだろうか？

ムー的未確認モンスター怪奇譚

2018年11月20日　第1刷発行

著　者　並木伸一郎
発行人　鈴木昌子
編集人　吉岡 勇
企画編集　望月哲史
発行所　株式会社 学研プラス
〒141-8415　東京都品川区西五反田2-11-8

ブックデザイン　辻中浩一／内藤万起子（ウフ）
編集制作　中村友紀夫
写真提供　並木伸一郎／日本フォーティアン協会／NASA／
FORTEAN CRYPTZOOLOZY SOCIETY／
ufosightings.com／加藤玲／永井ミキジ／
国立国会図書館／アフロ／共同通信
印刷所　岩岡印刷株式会社
製本所　株式会社若林製本工場
DTP制作　株式会社 明昌堂

この本に関する各種のお問い合わせ先
●本の内容については　Tel03-6431-1506（編集部直通）
●在庫については　Tel03-6431-1201（販売部直通）
●不良品（落丁、乱丁）については　Tel0570-000577
学研業務センター　〒354-0045　埼玉県入間郡三芳町上富279-1
●上記以外のお問い合わせは　Tel03-6431-1002（学研お客様センター）

学研の書籍・雑誌についての新刊情報・詳細情報は、下記をご覧ください。
学研出版サイト　http://hon.gakken.jp/